come together

come together

手作裸食
My handmade food

究極廚娘的食材嚴選，
回歸料理初衷的原汁原味。

自序

一場手作掀起的廚房飲膳小革命。

　　猶記我的第一本書《裸食：好食好日好味道》付梓不久，好友《小日子》雜誌顧問育華喜孜孜地在臉書上分享她香港媒體友人對書的好評，「裸食這名取得好，能談的可多著，根本是可以像雜誌一樣期期復期期出刊的啊！」聽時只當是讚語，沒真正往心裡擱，直到寫序這一刻，思索著該如何下筆，那話突像夜空裡的流星亮閃閃地滑過墨色天際，《手作裸食》可不就是正港續集嗎？除了隔了兩年餘才問市，時效上不太給力，概念上還真是應驗了香港媒體友人的點評。

　　裸食像是一畦愈鋤掘愈富饒的沃土，深耕必有收穫，是一輩子可以實踐的飲膳思維，同時也是一旦踏上就很難也不想回頭的不歸路。如果說我的第一本書像方向指南，走出廚房拜訪農家牧場果園，獵尋心目中理想的佳美生鮮食材，那麼這本《手作裸食》就是逆向操作，一股腦鑽進廚房裡，以實驗實作的行動和精神，從亞洲系豆腐、肉鬆、鹹蛋、豆乾、韓式泡菜、海苔醬等鹹食，到西式美乃滋、杏仁牛奶、早餐全穀麥片、Nutella 可可榛果醬、英式瑪芬、葡萄乾、松露巧克力等食材名點，進行一場天翻地覆，以手作食材取代慣用市售食品的飲食小革命。其中有難度稍高，也有成果略遜於市售，更不乏耗時費工者，可更多的是簡單到難以置信，卻美味得讓人嘖舌的品項，每一篇還加碼附上我的私房享用變化配方，算是拋磚引玉的提點。當然，我也必須承認，雖然這三十個手作 project，絕大比例都在我的家庭廚櫃裡安身立命了，但也有一小部份誠屬有興致餘裕才動手親製的類別。私以為手作裸食，枱面上的好處自是食的安心及取悅味蕾，但內裡潛藏幽微卻有著潛移默化的力量在於，得於實作的過程中領受、體會、感悟，甚至自省飲食這件事，對己身、對家人、對環境所可能產生的影響及意義。

　　一不小心把場面搞得文以載道，冷肅起來，其實我想說的是，且先別想太多，決斷地挑一個簡單有趣的手作食材就對了，不貪多不求快，量力而為，專注享受過程的妙趣，我相信，戚風蛋糕如雲朵般的鬆軟芳郁、焦糖糖果的甜蜜腴滑、堅果奶的滋養能量和新鮮乳酪的清新餘韻，自會讓你心悅誠服地以全新角度看待「食」這件事，那可比我在這序言裡苦口婆心、言者諄諄更鉅力萬鈞吧！

　　最後，感謝我一向敬仰的朱平先生、食材達人朱慧芳和美食生活家 Yilan 慨然應允推薦此書；也感激一起來的總編明月、行銷大將青荷及種籽設計的全力投入編製催生，大膽在版面設計上做了別於以往的嘗試，我很喜歡這次團隊合作焠煉出來的結晶，亦盼不負喜愛《裸食》忠實可愛讀者們的期待。最後，同樣要謝謝媽媽、另一半和寶貝兒子的後盾支持，沒有你們，就沒有這本書的誕生。

手作裸食
My handmade food

目次

事半功倍的
機絲道具

　　仔細回溯，這些年扣除為了出書拍照不得不下手的杯器盤皿，幾乎不曾再買過一鍋一鏟。最新入手的，是為了做焦糖糖果購進的溫度計，曾經考慮添台製冰淇淋機，可算盤撥一撥覺得不划算，便作罷。對這種貢獻度不高，卻老大不客氣，一屁股霸住有限儲櫃空間的機絲，我多半敬謝不敏。這無關小器，是不喜無謂的浪費和糾纏。一向認為，一如靚鞋華服的代價需依出場登台次數而定，料理機絲的價值，也得根據產出過幾多食餚菜料來評估，多多出機，方能值回票價。僅為一個目而重金購進機絲配備，絕非精算廚娘的作風，再者，某種程度上，這麼做也抹殺了手作的小資趣味。手作一定要吃點不多不少的苦頭，收斂些許的物欲。但千萬別誤會了，我的偏見僅單一用途者，可一機多用的機絲，可是我在廚房東征西討時的護法部隊呢！我雖信仰雙手萬能，但走廚多年，也逐漸領悟，當可以機器代勞更加事半功倍時，絕對要識時務地妥協，很有效率地享受廚房手作的生活情趣，才是值得致力追求的終極目標。

　　接下來就一一介紹本書在不同單元裡擔綱演出的得力助手群，絕大多數是廚房裡的熟面孔，也有一兩件稍冷門的品項，手邊有當然好，手頭有但幾乎閒置不用的，就讓書裡的手作料理助你和機器重修舊好；若手上正缺，該不該添購端看你的衡量，倘有持之以恆手作的決心，不出幾回便可值回票價，若再加總從中所獲得的樂趣及成就感，及大啖家製美食的安心健康，在我看來，是無比超值的終生投資。

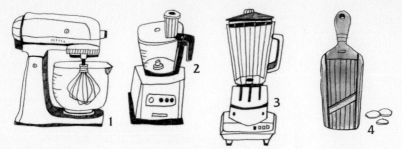

1 桌上型攪拌器 Countertop Stand Mixer

曾經我非常執著於手揉麵糰，固執地認為那樣做出來的麵製品才美味，可是，必得假手我的 KitchenAid 桌上型攪拌器，做出來口感卻依舊迷人的湯種麵包，改變了我的執念，而且每當機器攪揉麵糰時，可游刃有餘分身處理其他廚務，更是我所謂的事半功倍。除了處理麵糰，書裡也有其他食譜如貢丸、奶油和棉花糖等都得仰賴此機助陣，當然，平時製作糕點更是隨時待命，萬死不辭，對喜愛烘焙的廚娘，堪稱不可多得的一級助手。

2 食物處理機 Food Processor

在尚未添購桌上型攪拌器和超馬力果汁機前，Cuisinart 食物處理機是我的手下愛將，不管攪碎、混拌都靠它來成全，但買了新歡後，稍嫌笨重的此機即被打入冷宮，一直到開始手作美食，終於鹹魚翻身，又重新掙回廚房裡的一席之地。本書裡的麵包粉、派皮、肉鬆、Nutella 可可榛果醬和堅果醬等，少了它可成不了事。手上的是 11 杯容量機型，數口家庭來說是不錯的選擇。

3 果汁機 Blender

為了打蔬果汁而購進超馬力 Blendtec 果汁機，除了打蔬果汁萬夫莫敵，任何需要攪打成泥的任務也都難不倒它。不過，書裡需要果汁機上陣的食譜，如豆漿、堅果奶和果泥等，倒不需要超馬力，大概一般中價位以上機型便可應付自如。

4 片薄器 Mandoline

除非你有忍者般的刀功，外加永保鋒利的廚刀可使，可以咻咻咻三兩下將蔬果削切得厚薄一致，我強力建議還是買把片薄器，除了書裡的果乾得倚重外，平時製作沙拉、涼拌菜也很經用，不必耗資重金購進國外進口廚師級，擁有十八般武藝但其實多數鮮少用到的高檔貨。數百台幣一把的 Kyocera，有強大基礎片薄功能，是俗又大碗的最佳選擇。

5 糖果溫度計 Candy Thermometer

我一向強調五感做菜的重要，用眼睛細察食物的變化，於製糖果時特別實用，就以熬煮焦糖糖果來說，假以時日的確可以不需要溫度計輔助做出理想中軟硬度的糖果，但在達到這樣的目測功力前，糖果溫度計不可或缺。市面選項五花八門，有平價傳統式，也有高貴電子式，很不幸，到目前為止，我尚未找到理想可信賴的款式，也因此我手邊用的，是數百元台幣起跳的傳統入門款，勉強馬虎擋著用。溫度計最重要的，當然是正確性，一個測試的方法是：將溫度計置於盛上冰塊水的杯碗裡，小湯鍋裡放五分滿水煮至大滾，再將冰鎮過的溫度計放入，紅線迅速攀升至 212℉（100℃）則通過測試。

6 電子秤 Digital Scale

就烘焙來說，秤重是精準之王道，喜愛烘焙勝過做菜的話，電子秤值得下手，但不可否認，美式量法有時確實挺方便，書裡的食譜，若誤差大小影響甚鉅的話（譬如糕點），會盡量附上兩種度量，以利選擇。測量電子秤準確度也有方法，秤量一杯水的重量，顯示為 8 盎司或 225 克的話，是為準確無誤。

7 烤箱 Oven

住台灣時廚房裡有個小烤箱，專用來烤糕點，移居美國才真正見識到烤箱的美德，無油煙、受熱均勻，不需在一旁時時看顧，非常鼓勵愛廚事的廚娘們多多和烤箱搏感情，此書裡有不少需用到烤箱的手作料理，如果考慮添購，盡可能選購預算及空間允許內的最大尺寸，實用指數更高。

8 起司薄紗布 Cheesecloth

書裡的新鮮起司、堅果奶和豆漿都需要用到薄紗布過濾，市面上也有袋狀，過濾堅果奶專用的紗布袋，不論何種名目，盡可能選用天然材質，可重覆使用為佳，此外，尺寸要夠大，頂好大過家中網篩面積最是實用，織紋也要夠細緻，方能勝任篩濾的任務。

9 罐頭夾 Jar Lifter

雖然市面上有推出所謂製罐頭道具箱販售（canning kit），不過幾年實作下來發現，其實多數道具都可由家裡配備取代，唯獨罐頭夾尚無理想替代品，它讓從滾水裡夾出烹煮完成罐頭的動作顯得輕而易舉，有心探索罐頭製作實務，這價廉物美的小道具的確是小兵立大功的廚房生力軍。

１０刨絲器 Zester

如果你和我一樣著迷於柑橘類果子與薑絲的迷人清香，這把最佳利器 Microplane 刨絲器絕對要下手，對我來說，這小傢伙幾乎常駐流理台，鮮少有被收進抽屜的時候。

１１其他道具

除了以上較為特殊的機絲，其他也會被大量使用到的廚器還有：大型餅乾烤盤（包括有圍邊的 jelly roll pan）、各式尺寸烤皿、刮刀、基本乾濕料量杯量器、烘焙紙（parchment paper）、打蛋器、大小尺寸攪拌盆、高湯鍋、擀麵棍和網篩。

寫在摩拳擦掌之前的
七個提點

1 關於調味

我必須承認,做菜時我經常憑感覺(烘焙除外),用眼睛看,以口舌嚐,從來不是那種照著食譜分量乖乖就範的廚娘,為了寫書才特地一邊煮製,一邊筆記,希望給還不太嫻熟廚事的讀者一個依歸,否則,新手上路的確難免會不知所措,但在此我還是要再次強調,食譜是起步時的參考指南,最終仍是得透過一次次揮鍋弄鏟,在每個煮製調味階段,不斷品嚐明辨,建立起以五感做菜的獨門本事,如此,廚藝方能更上層樓,無入而不自得。另一個不斷在過程中細品慢察必要之原因,是因坊間食材調味並無共通準則,同樣是醬油,我就曾買過一款鹹度完全讓我得將之前累積經驗值完全作廢重新建立的醬油,每天都在期盼著能速速把它解決,重新回到慣用品牌的懷抱。換言之,你我所用的食材,極可能會有的根本性差異,請務必將此變數放在心上,避免全面照本宣科,讓你的味蕾做最終的裁判,做出的才是屬於你獨一無二的料理。

2 關於自製食材

自製食材當然得多方利用才能發揮最大效益,故書裡的延伸變化食譜,我總是盡量標明可以利用自製食材的部分,可這並不表示你不能用市售代替,絕對行,只不過風味會有些微不同,畢竟兩者製法成分有別,在此只想提醒,盡可能選用風味和品質都喜歡,也信得過的品項,唯有慎挑食材,才能烹製出合意美味的料理。

3 關於素材品質

我一直在想,如果我第一次製作鹽麴,用的是在灣區日本超市出售的米麴,我應該就不會這般驚豔了,甚至很可能根本就此不再回頭。話說初試身手時,用的是網上購入超出三倍價錢的有機特選糙米米麴,第二回圖方便,當然也圖價位低廉,結果做了一大批,那平淡的風味,實在叫人提不起勁,這就是素材優劣的差別,無怪乎有一回和女友阿莎盛讚鹽麴之美妙神奇超凡,家裡冰箱也有鹽麴坐鎮的她,卻一派淡定,完全沒有我的那股熱勁兒,或許關鍵就在使用的米麴。總之,可能的話,買荷包負擔得起的優良食材品項,倒不是貴一定好,但絕對要力求物有所值,再怎麼平價,不合心意終究是枉然。書中食譜所列食材,若有慣用或偏好品牌/品種,我多半會直接點名,譬如法芙娜巧克力及 Medjool 椰棗,若找得到最好,買不著也無需介懷,以所能張羅來的最佳品項製作,就會有水平以上的表現。

4 關於代換

一直覺得,「有所本」的代換是入廚者應該學習精進的基本能力,譬如食譜裡指定使用蜂蜜,在大多時候是可以用楓糖取代;需要用韭蔥,卻不好取得時,多半用洋蔥也行;各式秋瓜可以充當彼此替身,如此這般有理可循的替換,讓入廚的自由度大增,不僅可以有效運用手上的食材,也減少只為一樣食材跑一趟超市的機率。但原則上,我還是建議,試驗一道新菜譜時,尤其是經典菜或是來自態度嚴謹的廚師作者,初次盡量遵照原譜走一遍,一來當作練基本功,並心領神會食譜作者的口味韻律,判定和自己是否相符;二來可識得其原味,供未來微調參考,之後進行任何代換,方可有所本。有所依據才好定奪自己的改動代換,到底是神來一筆還是多此一舉?

5 關於舉一反三

我家有一道定期總要出場的菜色——蔥花薑汁豬肉，口味佳美，食材極簡，下鍋五分鐘即可完成，不僅食客愛，廚娘也疼入心。這麼棒的料理，當然要想盡法子利用，配飯主菜是不敗王道，之外還可捏成飯糰、做成三明治或義大利帕尼尼夾餡、捲入壽司或西生菜裡，或與生蔬拌成沙拉，配製出一道道有脈絡可循，卻又耳目一新的菜式，一如穿衣打扮，一件經典白襯衫，功力夠好，搭出一週七天可正式、可休閒的穿搭也不成問題。所以，遇見了喜愛的食材或菜色，據為己有之後，請發揮想像力和創意將之發揚光大，鼓勵大家以這樣的態度來運用書裡的三十個自製食材，並根據其中提點「同場加映」的延伸發想發揮，可造就的變化絕對無可限量。

6 關於烤箱溫度

書裡有不少以烤箱擔綱演出的食譜菜式，在此想提醒大家，以書裡的溫度為準，再依據自己的烤箱脾性做微調，一般家用烤箱溫度炙烤多半不均，必要時得人工幫忙，為烤盤烤皿做前後左右轉換調整。第一次製作時，建議將烤箱鬧鈴設定在比食譜註明時間約短五至十分鐘，有利提前觀察烘烤狀態，鍛鍊察顏觀色基本工的同時，也可以更精準掌握最佳出爐時間，畢竟大多數成品若烤得不夠，只要延長烘烤時間即可補救，烤焦的話，就真的回天乏術了。基於烤箱性能不同，食譜裡的指示不見得能在自家烤出最佳成果（但會有一定水平），再者，烤盤材質（深色較淺色更快）和烤量多寡也會影響烘烤速度，當機立斷做必要調整是一定要的。

7 關於臨機應變

做一道菜，影響最後成品的變數多不勝數，何況食譜付印的過程，也難免有百密一疏的情況，如同我在《裸食：好食好日好味道》裡分享的，盡信食譜不如無食譜，追隨食譜指引方向的同時，也別忘升起你的探照燈，並輔以走廚經驗值，便可少走點冤枉路，獲得最理想的料理結果，最重要的是，如同時尚裡追求人穿衣，避免衣穿人一樣，經過自身內化反芻之後的演練，才會成為屬於你的菜譜。

第一篇

一味百搭，

神奇的廚娘法寶

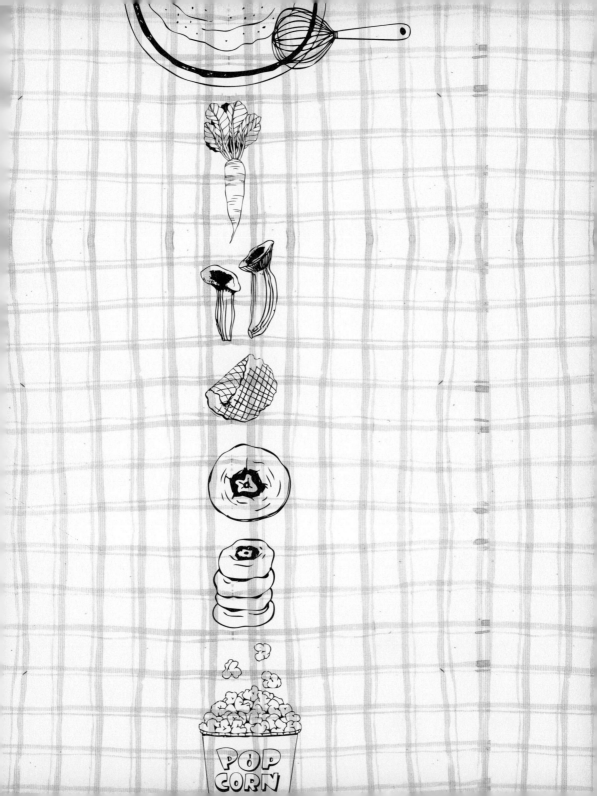

POP
CORN

回頭太難　美乃滋

　　我從來沒有真正的，無所保留的愛上美乃滋，每每和食譜條列食材項目中的美乃滋打照面，我總下意識地能閃就閃，但終究有躲不過，從背後悄悄被一把揪住衣領的時候，譬如漢堡之於另一半的意義，就像清粥小菜之於我一樣，美乃滋更是鐵錚錚，無可取代之主「醬」；每逢有機農場配送剛出土、鮮甜西洋高麗，必定刨絲備料起鍋動鏟烹製被我膩稱為煮婦隨喜煎餅的日式大阪燒（Okonomiyaki），這常民料理滋味妙不可言，剖析起來也算健康，最重要的是，烹調後口感每每幾近無味的西洋高麗，只有這大阪燒能成功挽救，而美乃滋是此菜盛盤佐食不可或缺的要素之一；再來則是豔夏番茄家族華麗登場時，第一個念頭想要開懷大啖的祖傳番茄湯種三明治，這極簡到不可思議，風味卻飽滿得令人噴舌的輕食，上好美乃滋是唯一也是最重要的主角，有這些必食好料的護持撐腰，無論如何無法和美乃滋割席絕交，於是，繼續藕斷絲連著。

　　在我嚐過的市售品牌中，來自英國、曾經勇奪倫敦美食展好味獎的 Stokes 原味美乃滋，不僅滋味上選，且以拔尖初榨橄欖油、土雞蛋及死海海鹽等究極原料小量調製封瓶，稱得上是超市醬料架上環肥燕瘦瓶罐選項裡，罕見的清純耿直好學生，可惜過了大西洋便難覓芳蹤。想想，就用途和價值來看，美乃滋畢竟是尋常平民調料，可不是小兵立大功 a little goes a long way 的珍品番紅花，算盤橫打豎撥，都得出在地出品更好的結論，一來不需太過擔心供需失調，二來大幅降低弄到手的耗損成本，念頭這麼轉一圈，我把眼光又放回美國本土。

　　美國近十年來，飲膳氛圍與質地都有急起直追之勢，儘管資本主義大財團依然主宰當道，但講究品質，強調手工，在地小量生產的工藝食品家及獨立品牌漸漸開始頭角崢嶸起來，再冷門的品項似乎也不愁找不著專心致意究極研發的先鋒，果真在紐約新一波手工品牌集散地布魯克林區遇到了 Empire Mayonnaise 美乃滋帝國，整個招牌壓寶在這小小調味品上，廚師出身的老闆，藝高人膽大之外，想必也對美乃滋有著深情厚愛，才能這麼孤注一擲，決絕豪氣走小量生產工藝路線，原料也講究食物哩程，身價硬是讓自以為早已習於此類市場定價水平的我，小小吃了一驚。憑心而論，在有上限的家用飲膳開銷裡，我的採買第一優先順位永遠是小農生產的生鮮蔬果，其餘品項則是在散財餘裕內，挑精揀肥著下單，不算愛醬的美乃滋，若標價又難以高攀，似乎連內心交戰掙扎都可一併省下來，直接頭也不回的轉檯。

以家製風味終結美乃滋追緝任務。

　　轉了一圈，又走進了死胡同，差不多心灰意冷之際，在邦諾書店翻閱著近期最關注的美國食界作者 Tamar Adler 所寫的《An Everlasting Meal》，她說：「家製美乃滋風味絕倫，但卻鮮少人在家自製。」接著鉅細靡遺地傳述了以打蛋器自製美乃滋的方法，賓果！我的美乃滋追緝任務終於有譜了，那時刻的感覺，就像在家天翻地覆的尋找一件細物無果，決定暫時忘了它，沒幾日後，此物竟就若無其事地現身。所以說，執著不一定能成事，適時放手反而柳暗花明。總之，我踏上了自製美乃滋之路，以生鮮蛋黃為主角的美乃滋，盡可能使用來源可信賴的好蛋，朋友珊達後院來的放養雞蛋正好派上用場，初試身手有點兒戰戰兢兢，第二回之後也就熟門熟路了，成功的指標在於蛋黃與油能夠完全融合，而確保達陣的關鍵，在於使用常溫蛋黃及一點水（或檸檬汁）的助潤，再配合右臂一番使勁賣力攪打。摸清眉角後，不消片刻，信手拈來即可量身自製出平價正點的美乃滋。

　　在食譜角色扮演上，市售與自製品旗鼓相當，在質地上，自製美乃滋要比市售稍微偏向流動質地，風味上，嚐在嘴裡多了跳躍的新鮮感，少了幾分黏稠滯膩，那才是該真正張開雙手擁抱的食物真滋味。可遺憾的是，對多數人來說，真實顯得疏離而陌生，速食工業模糊了食品與食物之間的界限，幸好，還有動手親製這最後一道，可以操之在己的防線，何不現在就走進廚房，試試手打美乃滋，但可別怪我沒警告你回頭太難哦！

原味裸食

美乃滋 分量約 1／2 杯

一如其他手作食物，熟稔了製作公式，風味完全不是問題，鹹酸甜度任你調，要加蒜碎、是拉察（Sriracha）、續隨子（capers）、迷迭香、漬鯷魚、咖哩粉、墨西哥辣椒，也全憑你發落。切記的是，生蛋黃製品鮮食最好，冰鎮起來也以不超過二三日為限。油脂選用以中性風味為主，不建議全用橄欖油，容易搶味，我偏好混用兩種油脂平衡氣味。

 食材

1 顆	常溫蛋黃（以熱水浸泡冰蛋可快速讓蛋直升常溫）
1 小匙	檸檬汁
少許	芥末醬（第戎或美式皆可）
1／2 小匙	米醋
少許	糖
約 1／4 小匙	鹽
1／4 杯	初榨橄欖油（味清新為上選）
1／4 杯	葡萄籽油（可替換其他中性味道油脂）

作法

1　取一中型攪拌盆，放入除了油脂以外的食材，拌至均勻起泡。

2　再以電影裡的慢動作速度，一滴一滴地滴入油脂，左手滴油，右手以打蛋器不斷快速攪拌，油蛋融合之後再滴，勿貪快，等盆裡的美乃滋差不多乳化變濃稠，便可以細水流方式添加油脂，同時保持不斷快速攪拌動作，直到混拌完成。

3　鹹味需得一點時間才會全數融解發威，所以等使用前再試味調鹹甜度會更準確。

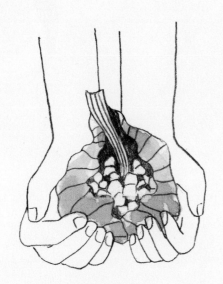

咖哩雞肉蘋果沙拉佐捲葉萵苣 分量約3～4人份

這沙拉一直是我的最愛，用自製美乃滋，風味更勝數籌。腰果與椰棗（dried dates）也可以其他堅果如核桃或其他果乾如葡萄乾替換。捲葉萵苣換成口袋麵包（pita bread）、印度烤餅（naan）、墨西哥玉米餅（tortilla）甚至台式蛋餅皮，就是營養完整的一餐囉！

 食材

少許	腰果
1／2 杯	烤或水煮去骨雞腿或雞胸肉丁
1／4 杯	西洋芹丁
1／4 杯	蘋果丁
2 顆	椰棗去籽切小丁
2～3 大匙	自製美乃滋
1／4 小匙	咖哩粉
適量	海鹽與現磨黑胡椒
6 葉	捲葉萵苣

作法

1　以煎鍋小火烤香腰果，切碎備用。

2　取一湯碗，放入雞肉、蘋果、西洋芹和椰棗，調入美乃滋和咖哩粉，以海鹽和黑胡椒調味。

3　享用前再組合，取一捲葉萵苣充作盛皿，舀適量拌好沙拉餡，最後撒上腰果碎。

蝦仁大阪燒 分量3至4人份

只要家裡有西洋高麗菜或者需要快速解決一餐時，我總是會做這道日式常民料理，蝦仁是我的最愛，取其對味快熟，製作時，少麵糊多菜絲，口感最佳。

 食材

2 顆	蛋
1／3 杯	中筋麵粉
些許	水
3 杯	高麗菜絲
10 隻	中型蝦，去殼去腸泥，切小段
2 根	青蔥，切蔥花
適量	鹽（上桌時還會搭配調料，勿下重手）
數大匙	橄欖油
1 小匙	芝麻海苔調料（Furikake）
1 小匙	是拉察（Sriracha Chili Sauce）
適量	自製美乃滋

作法

1　取一中型攪拌盆，放入蛋、麵粉和些許水，攪拌均勻，大約是烤瑪芬麵糊之流動質地，但不過稀。

2　將高麗菜絲（油要夠熱更能煎得成型）、蝦仁丁和蔥花加入麵糊裡混拌。

3　取平底煎鍋熱油，舀約1／4杯高麗菜麵糊入煎鍋，兩面煎至金黃即可。

4　盛盤後再依喜好撒上芝麻海苔碎、是拉察和美乃滋。

煮製　番茄罐頭
直到世界末日

伊莉莎白大衛在《An Omelette and a Glass of Wine》裡這麼寫著:「很難想像少了番茄湯、番茄醬汁、番茄醬和番茄泥的世界,會是什麼模樣?」我想那將會是無以名狀,宛如大片濃霧罩頂般,深到底的憂鬱吧!比起馬雅人預知的世界末日,是更叫我聞之膽寒起顫的另類滅絕。畢竟就前者來說,天地山河變色沉淪,渺小如蜉蝣之我輩,一切且看天發落,隨緣差遣便是;可這世界若少了番茄,在我眼裡,那才叫料理國度裡讓人欲哭無淚,未來無以為繼的大崩壞。首先,義大利料理差不多要名存實亡;每秒鐘賣出 350 片匹薩的美國,說不定會掀起一陣暴動;食品工業界亦恐陷入空前絕後的存亡危機;至於我,光是想像盛夏農夫市場架上番茄大軍人間蒸發後,留下的那一大片無言空白,就足夠叫人黯然神傷,再一思及爾後就此與我的自製番茄罐頭天「茄」永別,我說,這才叫真正的世界末日。

紅綠紫黃棕橘，炫目的番茄天堂。

　　說來也真是奇妙，在還未一頭栽進熬煮番茄醬汁，勤力製作封存番茄罐頭之前，和番茄之間的關係，委實生疏得緊，頂多只能稱得上是相敬如賓，市場上每見赤豔鮮品，便買上一袋，洗淨切丁塊，入鍋和炒蛋一塊兒挑大樑；偶爾擔任對上甜薑醬油汁，點綴餐桌兼去油解膩涼拌小菜的配角；或者在白菜豆腐素淨湯品裡，跑個龍套綴點兒紅；最討喜的出場，要算是夜市裡那一串串吸睛又喜氣，裹著晶亮糖衣的糖葫蘆，在亞洲菜系裡，番茄像是好萊塢演技有點底蘊，卻始終沒等到發光發亮角色的 B 咖演員，無緣大紅大紫，只能在星海裡隨際遇載浮載沉，等待伯樂。但回歸洋土的番茄，總算一吐怨氣，不但是許多名廚心頭好，也在尋常廚房裡攻占至尊之地，市場如潮買氣更讓番茄成為農地上深受器重的寵兒。不消說，我也是移居舊金山灣後，才真正得識番茄內在之美。

　　舊金山灣的仲夏時分，就算是觀察力最駑鈍的人，隨意走訪一趟市場，也絕對可以輕而易舉發現，草莓和番茄是在地農產界兩大閃亮台柱，經濟的推手。相較於僅有三、四種品種獨霸的草莓，攤開家譜枝繁葉茂陣仗驚人的番茄，對我來說，才是真正的入廚震撼教育。牛排蕃茄（Beefsteak）、太陽金（Sungold）、綠斑馬（Green Zebra）、切洛基紫牛排（Cherokee Purple）、紅醋栗（Red Currant）、德國條紋（German Striped）、義大利聖馬札諾（San Marzano）、白蘭地酒（Brandywine）、早熟女（Early Girl）等等族繁不及備載，即便在廚房農場翻滾多年，也猶未盡識全族，紅綠紫黃棕橘，就差個地中海藍，樣子長圓瘦扁尖俱足，有長得比打了肉毒桿菌還緊緻的面容，也有像《怪醫黑傑克》帶著長疤的尊面，唯一共同點是，每種番茄絕無拷貝，有些生啖迷人，如紅醋栗番茄；有的製罐特宜，如白蘭地酒番茄；有的十項全能，如早熟女郎，怎麼料理都幾乎不出錯，舊金山灣是番茄迷的天堂，更是讓非番茄迷變身忠貞粉絲的感化聖地。

　　自從上了快樂女孩廚房的番茄罐頭製作課，年年總行禮如儀地要煮製一批充作冬春儲糧，幾年下來，試作過義大利蒜香番茄醬（marinara sauce）、墨西哥莎莎醬（salsa）、蘿勒聖女小番茄（basil plum tomato）、塊番茄（crushed tomato）、番茄汁（tomato juice）、印度酸甜番茄佐醬（spiced onion tomato chutney）等，一輪做將下來，頗有驀然回首，愛醬卻在燈火闌珊處之感。就像衣櫥裡不可缺少極簡單，卻又可以一擋百的萬用白襯衫，工序簡單卻妙用無窮盡，除開涼拌生食不宜，無論中西料理，大凡需要上爐火烹調的食譜裡，需要番茄加持者，皆可派上用場的塊番茄罐頭（crushed tomato），絕對是我家廚櫃裡須得長備的無價寶。在所有廚事手作中，罐頭封存尤屬獨特玄妙，只需花少少時間，就能獲得大大回收，簡直再務實不過；將年度季節滋味切割收集在一只通透晶瑩的玻璃瓶裡，時不時取出回味，卻又是無與倫比的詩意；用萬能雙手將在地盛產作物，改頭換面成另一種可以和時間略作拔河抗衡的食品，更叫廚娘油然而生出一股，彷彿可以自己自足的自我良好感覺。

　　我想可能的話，這輩子我將繼續製作番茄罐頭，直到世界末日。

原味裸食

塊番茄罐頭 分量可製 10 ～ 12 瓶 1 品脫番茄罐頭

世上若少了番茄，絕對是讓人欲哭無淚、無以為繼的料理界大崩壞，甚至可能因番茄恐慌而引發大暴動，至少對我來說，必須跟自製番茄罐頭天「茄」永別，真真就是世界末日。

食材	
10 磅（約 4.5 公斤）	有機藤上熟番茄（不限品種，大顆多汁即可，不宜太生，熟軟為佳）
些許	海鹽
適量	檸檬汁或白醋
12 個	1 品脫（16 盎司）製罐頭專用耐熱玻璃瓶及蓋（mason jar）

作法

1　取一高深湯鍋，上置網篩，番茄洗淨切大塊，置於網篩上，此步驟主要在收集番茄汁，以備封瓶時不時之需。

2　取另一高深底湯鍋，注入約十分滿水，起火滾煮，記得配合罐頭製作的時間調整火力，鍋底放置一網架（比如大同電鍋的蒸架）。

3　番茄處理完後開始裝瓶，首先放入 1 小撮海鹽和約 1 小匙檸檬汁（此主要在加強酸度，封瓶的安全 ph 值為 4.6 以下，大部分番茄酸度皆低於 4.6，但也有極少數品種略高，為以防萬一，添加少許檸檬汁或白醋，製作起來更安心，我個人偏好添加檸檬汁，取其較不影響開瓶時風味口感的優點，加醋的話，分量要小心拿捏）。再依序將番茄塊填塞進瓶子裡，邊塞邊擠壓，讓汁液釋出的同時，也擠出空氣，可確保封瓶成功率。將番茄填滿至離瓶口邊緣約 1.5 公分處，若擠壓出來的汁液不足以淹過番茄塊，這時就可將之前濾下來的生番茄汁倒入，總之，請再三確認，整罐瓶確實被番茄塊及番茄汁填滿。

4　以擰乾的乾淨濕布擦拭瓶口邊緣，務必確實拭淨，否則瓶蓋上的封膠無法順利與瓶口密合，將導致封瓶失敗。再來旋上瓶蓋時也要小心力道，抓在剛好旋緊的第一刻便停手，切勿繼續施力鎖緊，但太鬆滾煮時可能脫落也不行。

5　鍋裡水滾時，便可小心將裝瓶好的番茄罐頭放入鍋裡的網架上，瓶與瓶之間保持一點距離，勿放得太過擁擠，設定滾煮時間前，再一次確認滾水淹過罐頂至少 3 公分左右高度，無需蓋鍋蓋，大約滾煮 20 分鐘。

6　於乾淨桌面舖上布巾，待時間到，一一取出罐頭，旋緊瓶蓋，倒扣置於布巾上直至冷卻便大功告成啦！

Marcella Hazan 史上最簡單義大利麵番茄醬汁 分量 3～4 人份

僅需 3 個食材，唯一小小缺點是需要時間熬煮，所以沒法子在千鈞一髮時擔任救火隊，但家裡存糧不足，或無餘暇在廚房揮霍，也沒餘裕站在爐台前看前顧後時，這醬是主婦廚娘的救星。第一回先忍住加道添那的衝動，試試 3 個食材能成就出何等美味，之後就隨你發揮。還有千萬別動以其他油脂換掉奶油的腦筋，那 5 大匙奶油乃此道料理的脊椎骨。

 食材

1 瓶 1 品脫（2 杯）	塊番茄罐頭
5 大匙	奶油
1 顆	中型洋蔥，剖半
適量	海鹽

 作法

1. 將所有食材置於中型鍋具裡，開中火，煮滾後轉小火熬煮，約 45 分鐘。
2. 偶爾攪和一下，順便將大番茄塊壓碎。
3. 起鍋前撈起洋蔥，就是史上最簡單美味的義大麵番茄醬汁了。

同場加映 番茄罐頭的多樣運用

★ 加上香草蒜碎熬煮再加以調味，就可變身美味匹薩醬和義大利千層麵醬。
★ 我的家常牛肉麵，湯頭有賴番茄加持。
★ 拿來煮番茄青菜蛋花湯同樣有板有眼。
★ 和稍微搞剛但非常暖心美味的印度 Tikka Masala 雞肉是絕配。
★ 義大利波隆那肉醬也仰賴罐頭番茄來成全。
★ 以椰奶和九層塔調味的泰式番茄湯別有一番風味。
★ 墨西哥辣豆湯（chili），少了罐頭番茄可不行。
★ 日式番茄牛肉飯，番茄可是兩大台柱之一呢！

不好吃砍頭之萬用 經典派皮

　　自有記憶以來，我一直是經典的信徒，當身邊的姊妹淘都熱
衷追逐各式各樣的「it」（這 it 請自行代換上時下最潮的包袋鞋
衣款），我總是老僧入定地盤算著，何時攢夠銀票，可以買下眼
中所謂的經典。唯一不同的是，眼光落點是隨著人生階段與時俱
進的推移，單身一人獨食個飽，Tods 豆豆鞋、Burberry 長風衣和
Cartier 的坦克錶，皆是有朝一日希望鯨吞龘食的口袋野心；
建立家庭生養小孩後，依舊迷戀經典，只不過重點一整個乾坤大
挪移至更居家的層面，Eames DSW 椅子、Staub/LC 鑄鐵鍋、哥
本哈根大唐草杯盤、Pillivuyt 烤皿，皆是眼光戀戀不捨移的聚焦
點，即便連穿戴也跟著朝向務實日常的天平一端傾斜，SAINT-
JAMES 的藍白條紋衫、Hunter 雨靴和 Vanessa Bruno 亮片帆布包，超
前趕後地名列心頭好前茅。

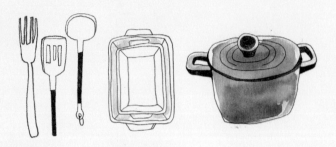

經典至上，信仰不悔。

　　如斯變化有跡可循，一點兒也不意外，不在預期中的，是我對經典的信仰，竟也不知不覺滲透到廚事的範疇。總是下意識地覓尋著心目中偏好料理菜色的經典配方，譬如一個理想中的派皮配方，在我眼中，派除了熱量稍高，幾乎是接近完美的食物，酥鬆奶香馥郁的外衣，包裹著軟糯可口的神祕餡料，一口咬下，千滋百味在口裡翻轉，直是口欲至高無上的滿足。但派的美德不僅止於此，成分多油少水，入得了冷凍櫃，極耐存放；剩派加熱，味不失真，少了暴殄天物的困擾；圓滿完整棲息在烤盤中，內用外食皆不忌，無限乖巧；材料製作豐儉由人，海派隨和。無怪乎西元前數千年，就已在埃及現蹤，之後隨著羅馬帝國征服整個歐洲，再尾隨清教徒來到美國落地生根，聲勢日日壯大，生生不息。懂得在日常餐膳計畫裡，活用善用派點這顆棋，絕對可以在質與量上同步提升廚娘的效率及格局。

　　繼續追根究柢，好派得要有經典派皮來成全，至少我是這麼認為，即便《紐約時報》專欄作者暨暢銷食書作家 Mark Bittman 持相反論調。他曾在一篇文章裡公開宣稱，「派皮除了帶來分量和熱量，別無貢獻，千萬別讓派皮來汙辱餡料的美。」全文大意如此。這話我無論如何都得舉旗、綁白布條抗議不可，理由很簡單，少了派皮的派，一如少了麵皮的匹薩，本尊分身從此相差十萬八千里，怎可相提並論？且派之所以美味，就在於溫柔餡料與香酥外皮互相幫襯，缺一不可。

與其爭辯派皮意義，不如將精神花在研製經典派皮上來得實在。那麼何謂經典派皮？重點並不在每次出場皆能豔驚四座，而在於歷久彌新，絕不因時光流逝而褪了光華，愈親近愈是喜愛尤佳；更要能夠以一擋百，隨時隨地上場，不管發派鹹甜軟綿何等內餡，最終都能確保水準以上的漂亮表現。換言之，經典派皮就像家裡那隻蹲踞在火爐旁打盹的愛犬，忠實可愛永遠值得依賴。

常言有道：愈簡單，愈困難，僅以麵粉、奶油、鹽、糖和冰水組成的派皮，到達經典之路，可以想見並非康莊坦途。食材滿意了，配方到位了，製作上總有些眉眉角角須得拿捏注意，比如溫度最好一路冷到底，確保打散密布於麵糰裡的奶油粒到進烤箱前，都能保持原形，是派皮酥到掉渣的終極保證；在混拌壓的過程，力道手勁力求輕柔，動作力求迅捷精準，麵糰出筋可是口感大忌，一如人生諸多事，說總比做簡單，成就一個好派皮亦然，可怎麼說你還是比我幸運，至少我的經典配方和經驗提點，能讓你事半功倍，贏在起跑點。記著：搞定派皮，絕美好派雖不中，亦不遠矣。

原味裸食

經典派皮 分量可做 1～2 個派

這款全方位配方可做的變化，包山包海，甜鹹不拒，正餐點心兩相宜，
比一般派皮食譜稍多一點奶油，讓人陷入一種吃酥皮（puff pastry）
的錯覺。

 食材

1 杯（225 克）	奶油，切丁
2 杯	中筋麵粉，加少許手粉
1 小匙	糖
1 小匙	鹽
7～9 大匙	冰水

作法

1　在準備動作前，先將 9 大匙的水和切丁奶油置於冷凍，後者來
說，此舉有助減緩奶油在操作時軟化的速度，是派皮香酥的關
鍵。

2　將麵粉、鹽和糖放入食物處理機，按暫停鍵稍混拌，拿出冷凍
裡的奶油丁，攤撒於麵粉上，同樣以按暫停鍵的方式，慢慢將
奶油切混入麵粉中，直到麵粉呈沙壤狀，裡頭夾雜分布著些許
甜豆仁大小的奶油顆粒。此步驟若手邊沒有食物處理機，也可
以手操作，缺點是手溫會加速奶油軟化，故動作宜快。

3　將混好的奶油麵粉倒入攪拌盆，再一大匙一大匙慢慢加入冰
水，直到以手抓取一把麵糰用力捏緊，麵糰可成糰不會散開為
止，切忌調入過多水分，會影響成品口感。

4　在乾淨工作檯上撒上些許麵粉，取出麵糰輕揉幾下，使之成糰，
表面略呈光滑，再均分成兩份，依預定將擀開使用的形狀需要，
整成圓形、長方形或正方形，譬如要做圓派就整成圓形，以利
未來操作。

5　將整形好的麵糰，以保鮮膜包裹起來，冷藏冰鎮 2 小時至 3 天
內皆可隨時使用。或者再裹上一層鋁箔紙，置入冷凍庫可保存
數個月，使用前一天再取出置於冷藏解凍即可。

甜鹹方派酥

分量視擀開厚薄，可做 16 ～ 24 個方派酥

這方派酥其實就是美國家樂氏出品的
一款名叫 Pop-Tarts 點心的家製版，
不僅新鮮度風味狂勝，內餡也可全權
由廚娘創意來作主，我喜歡多做一些，
烘烤前先一一冷凍起來，需用時不必解
凍，直接入 375 ℉（190℃）烤箱，比
一般烘烤時間再多個 2 ～ 3 分鐘即可。

 食材

1 份（2 塊）	經典派皮
1 份	甜或鹹餡料（食譜參酌如下）
1 顆	蛋，加點水，調成蛋汁備用

 作法

1　烤箱以 375 ℉（190℃）預熱，取兩個烤
　盤舖上烘焙紙備用。

2　拿出冰鎮過的派皮 1 塊，在乾淨工作台上
　撒薄粉，擀開派皮至 0.5 公分左右厚度，
　以利刀（我愛用切匹薩用滾刀）將派皮切
　割成大小相近的小方塊（剩下的畸零派皮
　收整冰鎮起來，稍後再拿出重覆擀開切割
　動作，直至全數用畢）。

3　所有小方塊一半做為方派酥底，先於周圍
　抹上一點水，以利黏合，中間填入適量內
　餡，再取另一片方派酥皮蓋上，沿四邊壓
　緊，再以叉尖印壓，好看又可避免露餡。
　重覆前述動作至小方塊派皮全數用完。

4　將製好的方派酥排放於烤盤上，放入冰箱
　冰鎮至少 20 分鐘。

5　趁第一份派皮製好的方派酥冰鎮的同時，
　取出冰箱裡另一半派皮，重覆上述動作，
　完成時剛好可取出第一盤方派酥，塗上蛋
　液，送入烤箱，約烤 12 ～ 14 分鐘，至派
　皮染上幾許金黃色澤為止。

6　將第二盤方派酥放入冰箱，同樣至少冰鎮
　20 分鐘，再依前述動作進行烘烤。

同場加映 搭配派皮的各式餡料作法

★奶油起司＋橘皮絲果醬：奶油起司室溫放軟，加入橘皮絲果醬（或其他口味果醬）混勻即成。

★巧克力甘那許＋椰絲或橘皮絲：甘那許的作法是，將 3／4 杯鮮奶油加熱至周圍冒泡，倒入切碎的 8
　盎司（225 克）苦甜巧克力，靜置 5 分鐘，攪拌至巧克力融化，再放入 2 大匙奶油即成。

★咖哩絞肉：熱油鍋炒香洋蔥碎，加入豬絞肉同炒，以醬油、糖和日式咖哩粉調味即成。

★香蔥起司：奶油起司放軟，與大量青蔥花拌勻，再以現磨黑胡椒和少許海鹽調味，喜歡辣味也可加點
　辣番椒粉（cayenne pepper）。

節制有時，奢華有度

　　「今日我吃到史上最令人遺憾的香蕉蛋糕。」另一半下班一跨進門，就迫不及待宣布。原來部門女同事攜了一條由家裡據說素來十分講究養生的母親所親製的糕點，與大家分享。嗜甜程度有如螞蟻投胎轉世的另一半自然不會錯過，一邊送入口，一邊有一搭沒一搭地聽著女同事絮叨說明蛋糕成分，「全麥麵粉……無糖添加……植物油取代奶油……」斷斷續續傳入耳裡，「難怪勉強把第一口囫圇吞下肚，吃甜點的欲望就瞬間急凍了。」另一半語帶惋惜地向我轉述養生香蕉蛋糕的品嚐實況。「難為你了，改天做正港紅茶香蕉蛋糕幫你壓壓驚。」我亦半開玩笑地說。

味如嚼蠟的話，再怎麼養生也會是負擔。

　　拿到一帖甜點食譜，錙銖必較地這兒減點甜、那兒刪點油、這裡換個粉、那裡再加些堅果，總之就是見縫插針，無所不用其極地想替甜點配方瘦身抽脂，務期出爐享用時，可以少點罪惡，多點健康，這樣的心路歷程，似乎是每個縱身躍入烘焙汪洋的廚娘，或多或少有過的經驗。尤其當自己揮汗實作，赤裸揭開入得口來總能掀起舌尖高潮的橘香磅蛋糕，其迷人底下暗藏的腹黑美味祕辛後，腦子裡第一個竄出來的念頭，大概就是修配方。其實，若修得有分寸有節制有道理，倒也無可厚非，相信為數不少的美饌佳作，是來自有所本地增刪實驗得出的結果，怕就怕滿腦子只想狂刪大改，亂無章法，端出面目全非，嚐來食不知味的成品，就算立意再良善也是枉然。我總認為，能夠為身體注入元氣能量，進而帶來身心癒療滿足感，方稱得上是理想的料理，和一份幾多卡路里、食材身價多昂貴或廉宜、取得如何費心計一點干係也無。我尤其要質疑的是，當品賞的歡悅隱匿，唇齒的快感不再，就算無以復加的養生，效果難道不會大打折扣嗎？再者，當進食成為一種義務或求生本能時，人生也未免太憂鬱了。

　　對「食」這件事，我想我是貪心的，堅拒半調子成品，左擁口欲，右抱健康，不偏不倚，是我的飲膳終極目標。若只是一味對取悅味蕾的加工食品打叉，一心講求健康，全然不顧口味的養生膳食，我也很難全心全意地擁抱，我相信，只要是以全食物（whole food）調配烹製，兩者絕對可以兼得。但即便是真料理，也有不宜餐餐大啖特啖的品項，例如奶油。這種時候，我便奉行美國料理名家 Julia Child 的名言：「凡事講求適當節制。」（Everything in moderation, including moderation.）所以，我深愛奶油，但愛得很有分寸，最重要的是，不濫愛，而在自限品賞額度門檻的情況下，對象當然不能馬虎隨便，時不時我會花下不菲代價，買來有機農場的生鮮奶油，出動愛機 KA 攪拌器，花點時間攪打出貨真價實，非市售所能比擬的濃香醇郁生奶油，工序並不繁複，事實上，苦力的部分有機器代勞，廚娘只要在一旁盯著進度，確保攪打時不至汁液四賤，搞得廚房狼籍一片即可。

看著打好也淨身完畢的奶油，很難不從心底油然而生一股難以言說的感動，甚至會因太過珍視而不忍佐食入腹，可相信我，只要淺嚐一小口，欲望就像水霸洩洪般滔滔奔流，心裡除了想著該怎麼完美品嚐，就再也容不下其他，且因受限家庭配備，每次打製量不多，加上是以完全未加熱過的生鮮奶油為原料，更希望最後也以不烹調，欣賞原味的方式享用，就這麼單單純純地與各式麵包糕點搭配，自然是賞味終極王道。另一個異曲同工，搭配性更博廣，足以讓簡單料理一時半刻便華麗閃亮起來的調味奶油（compound butter），也是上選。這味是開始自製奶油後才逐漸親近起來的好食，它其實就是以奶油（市售或自製皆可）和各式香草調料混製而成的風味奶油，平時儲備起來放置冷凍櫃，就是隨時可以出馬豔驚四座的調味法寶。

用最節制自律的方式，享受極致的奢華美味，讓我可以在口欲與健康之間找到平衡，而聚少離多，更讓人分秒珍惜每次的短暫相遇，之後回甘再三，這是我喜愛並實踐著的飲膳哲學。

原味裸食

奶油 分量約 1／3 杯

製作奶油還會產出所謂傳統白脫奶（traditional buttermilk），這和市面上販售的 buttermilk 不盡相同，偶爾在食譜裡可以互替使用，拿來打 smoothie 或製作比斯吉都很稱職。

 食材　1 品脫（約 473 毫升）　　鮮奶油（勿使用超高溫加熱品項）
　　　　1／2 小匙　　　　　　　細海鹽

 作法

1　將鮮奶油和海鹽放入桌上型攪拌機的鋼盆裡，以槳狀攪拌器中速攪打，此時請用一條毛巾從機身圍住機器，主要在於不讓攪打中的鮮奶油從鋼盆上方飛濺出來，時不時探看。大約約 2～3 分鐘，會到打發鮮奶油階段，再來就會變得極濃稠，然後，進入固體即奶油與液體的傳統白脫奶分離階段。

2　將傳統白脫奶倒入乾淨玻璃瓶裡冰鎮起來，約可保鮮 3～4 天。

3　將奶油揉成圓球狀，打開水龍頭，將奶油球置於水流底下邊擠壓邊沖洗淨身，主要是洗去所有的 buttermilk，才能保鮮更長一點時間，否則大約一天就會酸掉。以清水一直洗到流下來的汁液是清淨的，且奶油不再釋出水分為止。

4　將奶油放入容器裡，冰鎮起來可放 1 週左右。冷凍約可保存 3～4 個月。

原味裸食

調味奶油 分量約 1／4 杯

將調味奶油想像成一種簡易抹醬或醬汁（融化之後），一小片便可讓餐包、歐包、比斯吉或英式瑪芬美味升級；再來和炙烤食物也超速配，比如牛排、雞肉、烤玉米和烤蔬菜；甚至和濃湯、燙蔬菜也可以打成一片；或者切一點添進淋肉醬汁（gravy）裡，也有畫龍點睛之妙。

 食材

4 大匙（約 56 克）	奶油，室溫放軟
2 小匙	綜合香草（任選 3 種，家裡有任何用不完的香草皆可利用）
1／2 ～ 1 小匙	鹽
1／2 小匙	檸檬汁

作法

1 將所有食材置於砧板上，以邊切邊輾的方式，均勻混合即可。
2 將混好的香草奶油放在保鮮膜或烘焙紙上，捲起成圓柱，兩邊捲緊，冰鎮 2 小時後可享用，置冷藏約可保鮮 5 ～ 7 天，包裹妥適後，置冷凍可保鮮數個月。

同場加映 其他風味奶油

以上述配方為基礎，變化不同風味，分量不需太拘泥，可依喜好再調整。
★ 1 大匙草莓乾切碎 + 1／2 小匙鮮磨小荳蔻（cardamom）+ 約 1 ～ 2 小匙糖
★ 1 小匙墨西哥漬辣椒（pickled jalapeno，也可以其他辣椒替代）+ 1／2 小匙檸檬皮絲 +
　　1／2 ～ 1 小匙鹽
★ 約 1 大匙海苔芝麻調料（furikake）+ 1／2 ～ 1 小匙鹽
★ 約 1／2 小匙肉桂粉 + 1 小匙橘皮絲 + 1 ～ 2 小匙糖

讓人好虛榮的 新鮮起司

　　人生有時實在叫人傷腦筋，開始漸漸懂得欣賞歲月增華、人添智慧的熟齡美好時，卻也在不知不覺中，如沙漏般同步點滴流失那種近乎天真無邪，替尋常生活披上一層神祕薄紗的「人生各形各款第一次初體驗」的際遇感受。不過，事情倒也不到毫無轉圜餘地，抽絲剝繭來看，該說按部就班、不必外求就會自動送上門的第一次，比如第一天上學、第一次戀愛、第一次出國、第一次領薪水等，確實是隨著年齡增長而逐一消逝，但若因此斷言年屆而立知天命之後，就絕難再有人生初體驗，也未免太失之武斷，機會說是俯拾即是也不為過，只是需得化被動為主動，走出畫地自限的 comfort zone。

　　對我來說，手作新鮮乳酪，就是一個自找的，過程妙趣橫生，結局滋味清麗迭盪，叫人大呼過癮，直想呼朋引伴來領略，讓人好生虛榮的美味人生初體驗。這款以有機全脂鮮乳、少許鮮奶油和檸檬汁聯手演出製成的鮮起司，美國不少達人名家直接冠以義大利瑞可達起司（ricotta cheese）之名，我猜義大利人若得知，絕對氣得跳腳，疾呼反對。這的確是有以訛傳訛，擾亂視聽之嫌，正宗義大利瑞可達是使用以凝乳酵素（rennet）製作乳酪後剩餘的乳清，再次加熱烹製而成的新鮮乳酪副產品，義大利文 ricotta 意指「二次煮就而成」，名字本身即說明一切。倒是，這鮮起司作法雖不夠「義」，但風味質地確實如近親繁殖般雷同，說是香醇濃情版瑞可達起司也不算牽強，畢竟是以全脂鮮乳加少量鮮奶油煮製而成。若從義大利再往其他料理地域繼續推敲，這款全脂新鮮起司，和墨西哥 Queso Fresco 新鮮起司及印度 Paneer 起司，更是有如失散他鄉的孿生手足，我猜，大約是瑞可達名氣人氣皆居上述三種新鮮起司之冠，便理所當然成了命名時的搭便車對象。

　　撇開身世背景不談，這新鮮起司原料簡單易取得，烹製道具也很基礎，全程從起鍋到成品，半小時有餘，儘管在起司達人、品味專家眼裡，這不需時間熟成，只消在爐火上混拌一番，待鍋緣開始冒出小泡泡，便可起鍋以薄紗巾過濾製成的奶製品，如此隨興隨意，即便勉強承受得了起司兩字的重量，也絕對是最無聊單調，根本是可以直接發給好人卡表揚的品種。well，我可不管專家怎麼指鼻指眼，在我這日日走廚人眼裡，不需勞民傷財，片刻時間換得一份直上天堂的好料，外加爆表的自我良好感，榮登家製起司衛冕者寶座一點不為過，不張開雙臂抱個滿懷，根本是種犯罪嘛！且比起超市裡身價不低，成分不明，標榜正宗的瑞可達起司，口味更是雲泥之別。聽來簡直十全十美，不是嗎？錯，是十全十一美，此物更有親民親和的絕世美德，不僅單食新鮮青春清甜可人，和其他食材也能稱兄道弟，打成一片。

　　我曾以這款家製起司烤了義大利瑞可達起司蛋糕，佐上當季糖漬草莓，那滋味只能說，恨不得全年都是草莓季；也曾推派於義大利辣味香腸菠菜千層麵裡擔綱，一如意料地稱職；亦曾依著日本居家女王 Harumi 的創意，配上豆腐與紫蘇細絲佐薑汁味酥醬油醬汁，真是一場令人驚豔讚嘆的中西聯姻，這會兒連東亞料理都無縫接軌。你倒說說看？如此集美德於一身的新鮮起司，怎能不得人疼？

原味裸食

新鮮起司 分量約 1～1 杯半

這款起司功能強大,可甜可鹹,單吃也美味無敵,除了以下同場加映創意變化,所有點名瑞可達起司的食譜,都可以它取代來製作。根據我的經驗,唯一製作上的小提醒是,使用的全脂鮮乳品質和品牌會影響可萃取的起司量,而新鮮檸檬汁酸度可能不一,有時也需視情況再多添一些,或者用一點白醋調入也行。

 食材
16 杯	有機全脂鮮乳(請勿使用超高溫殺菌處理過的鮮乳)
1／3 杯	新鮮有機檸檬汁
1／2 杯	有機鮮奶油(請勿使用超高溫殺菌處理過的鮮奶油)
少許	海鹽(可放可不放,視最後用途而定)

作法

1　將全脂鮮乳、鮮奶油和檸檬汁放入厚底,且不會與酸性物質產生化學反應的鍋具,小火加熱,於鍋邊掛置製糖果專用溫度計,待升溫至約 175 ℉(80℃),稍攪拌,轉中大火,煮至溫度達到約 205 ℉(96℃),在將滾未滾之際,即熄火靜置約 10 分鐘。

2　將網篩置於深碗盆上方,以乾淨起司薄紗布舖在濾篩上,慢慢將牛奶裡像雲朵似的鮮起司撈出過篩後,再讓起司靜置篩中約 15 分鐘便完成。

3　可依喜好決定過濾時間,希望濕潤點的口感就縮短時間,喜歡乾硬一些就加長時間。

瑞可達起司蛋糕佐糖漬草莓 分量約 8 吋

以全脂鮮乳煮製，比正宗義大利 ricotta cheese 更香醇濃郁的起司做成的蛋糕，搭配盛產期的草莓，絕妙的風味，一定讓你一吃難忘。

 食材

3／4 杯（約 170 克）	奶油，室溫軟化	糖漬草莓
3／4 杯	二砂糖	2 杯　　有機草莓
3 顆	有機檸檬皮絲	1 杯　　糖（依草莓甜度調整）
1 小匙	自製或市售檸檬精華露	
	食譜請見「家製廚房精華露」	
	可省略或以自製香草精取代亦可	
3 顆	大型蛋，蛋黃蛋白分開	
1 杯	自製全脂新鮮起司	
1／2 杯又 2 大匙	中筋麵粉	
2 小匙	無鋁泡打粉	
1 小撮	鹽（提味）	

作法

1. 將草莓洗淨去蒂，是否剖半可隨意，加入糖，混勻後置冰箱內數小時以上，食用前撈起草莓備用，餘下醬汁若有餘裕，可加點香料煮成糖漿，與起司蛋糕同食。
2. 以 325°F（160℃）預熱烤箱。
3. 取八吋彈簧扣起司蛋糕模（spring form pan），塗上薄油，撒上薄麵粉或自製糖粉
   食譜請見「廚房常備食材」防沾黏。
4. 取中型攪型盆，放入奶油和糖，打至鬆發。
5. 續加入檸檬皮絲、精華露、蛋黃和起司，混拌均勻。
6. 取一小盆放入麵粉、泡打粉和鹽，稍混拌。
7. 將步驟 6 的粉料拌入步驟 5 的起司糊，混勻。
8. 另取一乾淨（無水無油漬）攪拌盆，放入蛋白，打發至硬性發泡。
9. 將 1／3 蛋白霜放入起司糊裡拌勻，再續放入其餘蛋白霜，輕手快速攪拌均勻。
10. 倒入準備好的烤盤裡，入烤箱烤 40～45 分鐘。

同場加映 新鮮起司 變化食譜

★ 烤香法國棍子切片，抹上新鮮起司（可先以少許海鹽調味），撒上香草，淋上初榨橄欖油，就是開胃小點；奢華一點可將燻鮭魚碎，混合蒔蘿（dill），或火腿碎搭蝦夷蔥（chive），混上起司後，搭配鹹餅乾，亦是快手絕品。

★ 將上述的香草代換成各式水果切片或野莓，淋上生蜂蜜或自製風味糖（食譜請見「抄小路變名廚──風味海鹽」），即成甜蜜輕食。

★ 自製 granola（食譜請見「百變早點王 granola」）拌上適量新鮮起司，撒點自製風味糖或蜂蜜，保證從此愛上早餐時間。

★ 慣常使用的鬆餅食譜裡，添點粉料，再加入半杯瑞可達起司和檸檬皮絲，就是五星級的膨香起司鬆餅。

★ 起鍋盛盤前將起司撒在義大利麵上，營養風味皆升級。

我的荒島調味料　鹽麴

　　如果在荒島，只能帶一瓶調味料？對此問題的答案，我曾經很高調表示，那肯定是醬油。我可是三日不食醬油，便覺渾身不對勁的超級醬油控，一直以為我的忠貞將直到海枯石爛，沒想到，自從邂逅了此間風靡日本的無敵調料——鹽麴之後，醬油在我心目中萬能調料的至尊地位，確確實實被儼如七級地震的震撼度給挑戰了，而我，也再一次深刻體會「人果然是不能太鐵齒」的真義。

　　在還未親炙鹽麴魅力前，我內心其實是狐疑的，總以為多半又是媒體和網路吹捧起來的一窩蜂熱潮，再加上我素來莫名奇妙的反骨性格，除非有人雙手奉上，我肯定不會多加理會。這回之所以對鹽麴另眼相看，一來是因為其成分究極單純，簡約到讓我更是加倍懷疑起其點「菜」成金的神效，這不該是化學添加物長久以來的專屬榮耀嗎？怎輪得到天然調料來分享桂冠？可以想見，此時我的好奇心已全然被挑起，再看到紐約臉書友 Sandy 的自製鹽麴分享文，想要一嚐究竟的欲望瞬間燎原狂燒，快手快腳地上網張羅來日本進口有機玄米米麴（此乃一種以蒸過的米粒，在嚴格控管下所繁殖培育出來的微生物麴菌）和海鹽以大約三比一的比例簡單搓揉混勻，置一乾爽玻璃容器裡，倒入淨水略淹過，上蓋時留點縫隙，讓空氣可以自由穿梭，每天並以匙筷溫柔攪拌，讓發酵更周全完整。我喜歡順道聞聞日日氣息幻化，更切實地感受時光施展發酵魔法，原則上，視在地氣溫高低，費時七到十日即可收成。發酵完成的鹽麴，散發著微甜淡雅的香氣，像氣質淑女版的味噌，上蓋後便可冰鎮在冰箱，隨時等候廚娘差遣召喚。

　　還記得第一道試身手的是以鑄鐵鍋煮就的日式雞丁春蔬雜炊燉飯，不過完全是臨時起意，那日燉飯的調料就是隨手可得的醬油、海鹽、味酥和昆布高湯四大金剛班底組合，偶爾，若視心情想吃濃口一些，就再添幾滴魚露，讓質地醇厚，加碼口感層次。當晚開蓋拌飯試味時，正打算下點海鹽做最後調味收尾，靈機一動，隨意倒入一小匙鹽麴，一拌一嚐，Good God！從此，味蕾身心口皆沉淪，那簡直不是筆墨可以形容，料理五味裡最威的「鮮味」啊！米粒發酵後的甜舞動翻飛，入口的鹹屬於活繃亂跳而非死氣沉沉型，可以想見，那日燉飯之後的餐膳，時時少不了鹽麴的加持，醃肉時放一點，裡頭的酵素可幫助分解蛋白質，使肉質軟嫩，就連最冥頑不靈的雞胸肉也順利收伏；用來漬蔬菜，可將澱粉轉化成糖，帶出另一層次的鮮甜，不論煎煮炒滷烤拌，派之上場，皆可收事半功倍增香之效。總之，只要那麼一小匙，就算拙婦也足以變身巧手廚娘。

　　識得鹽麴的佳好，我這才認真研究了一下其身家背景，不意外，也是聰慧儉省老祖母的智慧遺產，和所有的發酵好食一般，鹽麴亦富含大量好菌酵素，及豐富的維他命 B 群，九種胺基酸齊備，大量乳酸有促進消化、美容養顏、抗老滋養等養生良效。鹽麴忌熱烹，可能的話，盡量起鍋前一刻再下場，涼拌或製成沙拉調醬自是最不怕營養流失的烹調，但也不必為此而讓自己在下廚時綁手綁腳，畢竟，鹽麴如斯美妙的調料，生來就是要入得菜來，取悅味蕾，讓人歌頌讚美的。

原味裸食

鹽麴 分量 約 2 品脫

鹽麴在我的廚房裡角色吃重，基本上和海鹽、醬油、麻油及米醋等是同等級的調料。調味時，覺得少了那麼點「鮮味」層次時，就來一小匙鹽麴吧！

 食材
300 克	上好玄米米麴
100 克	細海鹽
500 克	過濾淨水

 作法

1　將米麴和海鹽放入碗盆裡，以手揉搓數分鐘，加入淨水後，重覆揉搓，直至水呈白濁狀，此動作有助後續發酵分解，但無論動作是不是做足，幾乎很難失敗，不必太擔心。

2　將混合好的米麴鹽水倒入乾淨玻璃瓶裡，上蓋，不必鎖緊，以確保空氣流通，有助發酵。

3　每日開蓋以筷子稍攪拌，大約 7 ～ 10 天（視在地氣溫濕度而定），嗅聞時散發神似味噌淡淡香氣即成。完成後存放冰箱，約可保鮮 1 年左右。

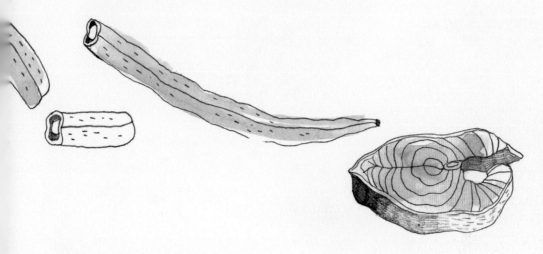

鹽麴烤鮭魚佐春蔬 分量約 1 人份

這道菜的關鍵在於味道得醃進骨子裡，其次是烤時溫度得控制得宜，過熱焦得快，內裡未熟就可惜了。醃鮭魚沾在表面的鹽麴也得抹淨，否則焦得更快。上手之後，再佐以節令時蔬巧妙變化，絕對是一道媲美日式餐廳料理的宴客菜。

 食材

1 片	鮭魚（約 2 公分厚最佳）
2〜3 小匙	鹽麴
1 小匙	橄欖油
適量	蔥白，切蔥花
適量	節令時蔬，如長豆、甜豆、櫻桃蘿蔔
1／3 杯	高湯
適量	海鹽調味
適量	喜愛的香草，如芫荽、紫蘇、山芹菜嫩葉

作法

1. 將鮮魚洗淨吸乾水分後，兩面均勻抹上鹽麴，置於玻璃保鮮盒，入冰箱冰醃入味，約半天至一天時間。
2. 烤箱以上火炙烤（broil，低溫設定）預熱，以紙巾將鹽麴拭淨，放上烤盤，入烤爐烤至兩面略焦黃即可。
3. 烤鮭魚時同時製作春蔬配料，以橄欖油熱鍋，入蔥白爆香，入時令蔬菜略炒，下高湯，以海鹽調味。
4. 起鍋前撒入切碎新鮮香草，舀起盛盤，再將烤好的鮭魚舖於上。

鹽麴起司抹醬 分量約 1 / 4 杯

中西合璧好食抹醬，營養風味皆大滿貫，可沾食蔬菜棒，或和鹹餅乾搭檔演出也很討喜。

食材　100 克　　　　自製新鮮起司 食譜請見「讓人好虛榮的新鮮起司」
　　　　3 ～ 4 小匙　　　鹽麴
　　　　1 小匙　　　　　自選香草（我偏愛蝦夷蔥）
　　　　適量　　　　　　焗香的黑白芝麻

作法　1　將起司及鹽麴混勻後，加入香草碎，撒上黑白芝麻即成。

同場加映 鹽麴這樣用也好吃！

★適合淺漬蔬菜，舉凡櫻桃蘿蔔、白蘿蔔、小黃瓜、西洋芹等皆不拘，我喜愛單以鹽麴醃漬處理好的
　蔬菜，食用前再依心情決定是否變化調味。

★以上頭醃鮭魚的方式醃去骨雞腿、雞胸，入烤箱以 400 ℉（205℃）烤約 25 ~ 30 分鐘（視肉厚
　薄而定），風味亦佳。

★炒菜起鍋時以鹽麴取代海鹽調味，我特別愛炒青椰菜與鹽麴的組合。

★自熬素高湯煮食時添點鹽麴，清雅鮮甜，完全不輸雞高湯版本。

家製　廚房精華露

　　和 RODIN 的香水眉來眼去好一陣子了，素淨雅潔的瓶身，黑黃經典配色，直擊罩門的茉莉花及橙花香調，讓自以為對香氛心如止水的我，蕩漾了起來。唯一阻止我立即下單落袋的，是那一盎司二百餘美金頗令人噴舌的價格，我想只要把持住親赴店舖試香的欲望，這場敗香攻防，我的贏面甚大。

　　擋住義大利那香，卻抵不住義大利這香，在亞瑟王麵粉（King Arthur Flour）官網瞥見英國《衛報》烘焙達人 Dan Lepard 推薦的 fiori di sicilia，其義大利文字面意思是西西里之花，好個引人無限綺思遐想的名稱，裡頭盛裝的，是以柑橘為主調，佐以香草甜息，再由花香餘韻做收的烘焙增麗添香精華露，經常在杏仁糖（marzipan）、比斯卡提脆餅（biscotti）、義大利聖誕果乾甜麵包（panettone）、奶酪和糖漿裡演出，入手不易。聽起來頗有圈內人才知其好的神祕美物之感，亞瑟王麵粉自家焙烘師亦坦承，需得百般克制，才能避免將之遍灑染指各式糕餅點心餡料的衝動。嘖嘖嘖，這麼個煽風點火法，不被燒著才是奇蹟呢！一盎司九塊美金，堪稱烘焙精華露裡的香奈兒了。不過，方接受過 RODIN 香氛紮實震撼教育後的我，內心油然昇起一股實在超值的欣慰感。二話不說，手指輕盈如飛地點撥幾個電腦按鍵後，西西里之花便朝我家的方向飛奔而來。

To:

From:

看著礙眼，伏特加的啓示。

　　說來，西西里之花還真是打從我開始自製香草精後，第一瓶入手的烘焙精華露呢！過往與杏仁、薄荷或咖啡之屬精華露的食譜方子打照面，我通常是視而不見。唯一例外是香草精，占著廣受喜愛，常被點名的優勢，這才順利進駐我家廚櫃，囤積日常非必需的長物，總讓我感到焦慮，生怕辜負食材的有限賞味生命，同時也虛擲荷包裡的銀兩。當然，不諱言，對於所謂精華露，之前內心還是隔著一層小疙瘩，總覺和本尊相較，似乎少那麼點真，失魂落魄的分身，真的有存在價值嗎？我這麼自問，有意思的是，浸淫廚事愈久，答案竟從斬釘截鐵的否定，逐漸轉向有條件的肯定，畢竟在許多情況下，兩者並無法全然彼此互替，比方烤早餐 granola，添一點香草精，增馨添香一級棒，若以香草籽取代，不但大材小用，效果也不掛保證；若是製作香草冰淇淋，不需肩並肩 PK，也辨得出兩者之間的差異，說到底，把精華露視為獨立個體，彼此就可以相安無事，各自在專擅的領域裡領風騷。精華露就像香水，無論如何，都不可能複製出本尊的精氣神，可適情適性適量地使用，也硬是有自成一格的搶眼表現。

　　即便認可了精華露的存在價值，也不表示下手買單就會快狠準，帶回家供在櫃架上鮮少聞問，非精算廚娘的作風。不過，要是能自製的話，就另當別論了。當初為了自製香草精，抱了一大甕伏特加回家，用手頭的馬達加斯加和大溪地香草莢浸潤了換算市價肯定不菲的香草精，也才消耗掉不痛不癢的分量，每次開櫃，幾乎紋風不動的伏特加和我大眼瞪小眼，除之而後快的意念又波濤洶湧起來，「不如循著香草精的思路，試試自製其他精華露吧！」內心盤算著，邊快手利腳地搜羅資料，這才發現，烘焙用精華露根本只需宮崎駿動畫裡魔女琪琪的功力即可煉製。沒幾刻鐘功夫，數瓶精華露蝦兵蟹將們，已在廚櫃裡稍息立正站好，等待時間熟成後，聽任廚娘的聲聲召喚。

　　現在，若能弄到西西里之花的配方，一切就十全十美了！小器又貪婪的我，兀自在心裡這麼嘀咕著。

原味裸食
香草精華露 分量2杯

 6根　　B級香草莢（也可回收用過的香草籽的莢身，但需多加碼幾根才能凝聚足夠香氣）
2杯　　伏特加
1個　　乾淨玻璃瓶

 1　以小刀將香草莢割開，以手略扳開莢身，方便香草籽們彈跳出來透氣添香。
2　將處理好的香草莢放入玻璃瓶，注入伏特加，鎖緊瓶蓋，置於廚櫃或陰暗處，每隔幾天探視搖晃幾下，約6個禮拜便可啟用。
3　放置陰涼處，可保存經年。

檸檬柑橘精華露 分量1／2杯

 2顆　　　有機檸檬或橘子皮絲
1／2杯　伏特加
1小匙　　糖
1個　　　乾淨玻璃瓶

 1　將果皮、糖和伏特加放入玻璃瓶中，上蓋旋緊，置於廚櫃或陰暗處，每隔幾天探視搖晃幾下，約4個禮拜即可過篩，濾掉果皮，即是檸檬柑橘精華露。
2　放置冰箱，可保存經年。

咖啡精華露 分量 1／2 杯

 食材　2 大匙　　　　有機咖啡豆略敲裂
　　　1／2 杯　　　伏特加
　　　1 個　　　　　乾淨玻璃瓶

 作法　1　將咖啡豆和伏特加放入玻璃瓶中，上蓋旋緊，置於廚櫃或陰暗處，每隔幾天探視搖晃
　　　　　幾下，約 6 個禮拜即可過篩，濾掉咖啡豆，即是咖啡精華露。
　　　2　放置陰涼處，可保存經年。

杏仁精華露 分量 1／2 杯

食材　3 大匙　　　　有機杏仁，去皮粗切
　　　1／2 杯　　　伏特加
　　　1 個　　　　　乾淨玻璃瓶

作法　1　將杏仁粗粒和伏特加放入玻璃瓶中，上蓋旋緊，置於廚櫃或陰暗處，每隔幾天探視搖
　　　　　晃幾下，約 6 個禮拜即可過篩，濾掉杏仁粗粒，即是杏仁精華露。
　　　2　放置冰箱，可保存經年。

薄荷精華露 分量 1 杯

 食材　1／3 杯　　　薄荷葉
　　　1 杯　　　　　伏特加
　　　1 個　　　　　乾淨玻璃瓶

 作法　1　洗淨薄荷葉並擦乾，用手稍微捏擠所有葉子，以利釋出香氣，放入玻璃瓶中，倒入伏
　　　　　特加，確認可以淹過所有葉子，不行的話再添酒無妨，上蓋旋緊，置於廚櫃或陰暗處，
　　　　　每隔幾天探視搖晃幾下，約 4 個禮拜即可過篩，濾掉薄荷葉，即為薄荷精華露。
　　　2　放置冰箱處，可保存經年。

堅果 及其變奏

　　如果食材界也有《英倫才人》（Britain's Got Talent）選拔秀的話，堅果家族肯定出場便技驚四座，一路過關斬將，掄元凱旋歸返。理由很簡單，幾乎再難找到，比灰撲黯淡的堅果，長相更不起眼，個頭更迷你嬌小，但渾身卻宛如一座未開採礦脈般，蘊藏驚人豐沛高等營養，可如孫悟空輕鬆搖身七十二變，靈巧穿梭於甜鹹料理之間，運籌帷幄，指揮若定，最終主導料理美味成敗的食材了。

　　在此暫且不表堅果入沙拉、填料、派餡及餅乾糕點，旨在增香添脆，兼且升級營養的簡易常民料理手法，直接來點名堅果家族更威面八方的豐功偉業吧！首先，當然是嬌美不可方物的少女酥胸馬卡龍，這法國天字一號甜點，全賴杏仁粉來力挺；打遍歐洲無敵手的可可榛果抹醬 Nutella，則是榛果烘烤去皮，加入可可粉、糖和奶油等搗泥而成；蛋糕裝飾裡，可以隨意染色揉捏的要角兒杏仁膏（marzipan），靠的是旗鼓相當的糖與杏仁糊，再與配角調料揉製而成；而各式堅果泡水過夜，對水後以果汁機稀哩嘩啦快旋攪打，即可過濾出多美味少負擔，單挑續杯自制力的滋養身心堅果奶；義大利居家常備噴香青醬，少了堅果可就面目全非；少不了一提的是，堅果還可煉成風味殊異的各式油脂，可入菜亦可美容。不過，真要擇一的話，在所有堅果料理成就中，最叫我驚嘆的，是在紐約生食（raw food）餐廳「Pure Food and Wine」嚐到的，以夏威夷果浸泡加調料打成泥，再經一日室溫熟成，以假亂真的全素生起司，清白素樸地隱身在那道姿色萬千的櫛瓜番茄青醬千層麵裡，一入口毫無疑問絕對是成就整道菜餚的大功臣。

以一介熱愛在廚房場域裡水裡來浪裡去的廚娘來說，對於十八般武藝俱全的堅果們，完全只能心悅誠服的按讚。雖然有段時間，因為雄渾的脂肪含量及高熱量而蒙受有害健康的不白之冤，可近二十年來，陸續出爐的研究報告顯示，多才多藝的堅果，內在個性實在是溫良恭儉讓，敦厚又滋養得緊。2005 年獲得《時代》雜誌評比為十大最佳健康食物，此起彼落的掌聲取代了噓聲。相對於之前的高脂疑慮，其實堅果所含油脂屬單元不飽和脂肪酸，其中包括優質的 Omega-3，有利降低體內壞膽固醇及血脂，亦可護持心臟的健康；再來，堅果家族所有成員加總，也幾乎包辦人體所需的礦物質和維生素，足以肩負起抗氧化功能，對抗邪惡自由基，預防體內細胞老化，與重大疾病保持距離；核桃、杏仁、胡桃等所含的鞣花酸，也證實可抑制癌細胞，不使其坐大；不消說，堅果所含豐富植物性膳食纖維，對代謝消化也助益甚大。長久以來，堅果家族一直是茹素及生食主義者極仰賴的蛋白質來源。總的來說，堅果營養價值的全面性優質，確實少有其他食材能及。仔細想想，一切倒也合情合理，堅果說到底，是施與適當培育便會抽長發芽出綠生果的種籽，理所當然得具備礦藏般的營養潛能，方有機會成就未來的枝繁葉茂，繁花似錦。

　　聽來近乎十全十美的堅果，可惜亦不免有致命缺點，即熱量比天高，嗑個五到十顆不等（因堅果而異）等於生飲一湯匙植物油，聽來怪嚇人的。是故和堅果搏感情需得講究方法，切勿貪多求快，要像淡如水的君子之交，情誼方能久遠彌新；其次，一視同仁不偏心，堅果成員們各有風味，各具營養擅長，完全不鼓勵死心眼的專一，博愛花心才是理想交往之道。只要掌握以上兩帖友誼維繫守則，堅果絕對是你一輩子值得相濡以沫的換帖知交。

原味裸食

各式堅果

核桃（walnut）、大核桃（pecan）、杏仁、榛果、胡桃、腰果……單純作為零嘴也很「唰嘴」，或是壓碎灑在沙拉、餅乾、蛋糕上，增香添脆，就能為料理加分，大大提升食欲！

【堅果筆記】

1　私以為就營養和身價評估，杏仁及核桃 CP 值最高，不妨視為輪替購買時的主力。

2　盡量購買生堅果，需要時再加以烘烤焙香，實用度廣，新鮮度和風味也較可以掌握覺察。

3　向有口碑信譽的店家購買，顆粒完整更優於碎粒切片，後者風味和鮮度流失快得像滑溜梯。

4　原則上大量購買價錢較實惠，但保存則需留心，密封包裹完整後置冷凍庫最佳。走味堅果有礙健康。

5　生堅果營養完整，但烘烤後的堅果香令人難以招架，一般烘烤的大致準則如下：預熱烤箱約 325 ～ 350 ˚F（160 ～ 180℃）視堅果類別而定，硬實如杏仁與榛果需得稍高溫；鬆軟如核桃及大核桃適合稍低溫，將堅果平鋪於烤盤，入烤箱烤約 10 ～ 15 分鐘即可。堅果烤焦只在一瞬間，務必不時查看。

6　自磨堅果粉需掌握道具與堅果皆為室溫之原則，否則很容易將堅果打出油成醬泥，執行得當，就無需加入其他粉料，如麵粉或糖粉來協助堅果保持乾燥。

Yummy! 堅果奶 分量 2 杯

初試杏仁堅果奶，第一口就有相見恨晚之感，接著又試了榛果、腰果，各有各的滋味，完全上癮，不可自拔。私以為堅果奶是投資報酬率最高的食用堅果方式，乃因以生堅果泡水置放隔夜，催芽工序讓營養更易被人體吸收，再來未加工烤烘的生堅果養分未被破壞，食來也不易生火，最棒的是，製作直截簡易，變化口味也操之在己，是值得多多相親相愛的家製好食。

1 杯	生堅果（單一或比例混合皆可）
2 杯	過濾淨水

調味選擇

生蜂蜜

楓糖

Medjool 椰棗乾（dried dates）

可可粉

香草籽或少許自製香草精 食譜請見「家製廚房精華露」

各式香料

1　生堅果泡水置放隔夜。

2　將堅果和水同入果汁機，一次或分次攪打，越細碎尤佳。

3　將打好的堅果奶以舖紗布的濾網過濾，最後再以手盡可能擰出更多堅果奶。

4　是否調味可依用途與心情變化，堅果渣可以烤箱最低溫烤乾後打成粉供烘焙用，或者製作成本篇另一道美食——杏仁（可代換其他堅果）椰子橘絲巧克力甜心。

杏仁椰子橘絲巧克力甜心 分量約 30 顆

這款簡易營養且不必烤烘的小甜點，每次總想著多做些凍起來，以備不時之需，結果好似做再多也不夠，凍沒兩天就被取出退凍，然後不知不覺一個個人間蒸發了。這裡除了用生杏仁製作的版本，另外附上一個用製堅果奶剩餘的渣籽再利用變化的版本，風味亦佳。

 食材　【生杏仁版本】

1 杯	無糖椰絲
3／4 杯	生杏仁
1 小撮	海鹽
1～2 大匙	椰油
8 顆	椰棗乾（dried dates）去籽，Medjool 品種最佳
2～3 小匙	可可粉
2 小匙	現磨有機橘皮絲

作法

1　將生杏仁、椰絲和海鹽入食物處理機攪打至細碎中夾雜著粗粒。
2　入椰棗乾繼續攪打。
3　入椰油、可可粉和橘皮絲攪勻，以手捏可以成團就是最佳濕潤度。
4　將打好的堅果椰子料一一搓成小丸子造型即可。未食畢需放冰箱，冷凍效果亦佳。也可放入鋪上烘焙紙的長條蛋糕烤盤，壓密實，放入冰箱 1～2 小時，食用再切成小方塊。

食材　【堅果渣版本】

1 杯	無糖椰絲
1／2 杯	杏仁
8 顆	Medjool 椰棗乾，去籽
1～2 大匙	椰子油
1 小撮	海鹽
3／4 杯	生堅果渣
3 大匙	自製 Nutella 可可榛果醬（食譜請見 P81）或 2 小匙可可粉
2 小匙	現磨有機橘皮絲

作法

1　將椰絲、杏仁、海鹽、椰子油和椰棗乾放入食物處理機裡打碎，勿打太細以保有咬勁口感。
2　放入生堅果渣、可可榛果醬（或可可粉）和橘皮絲，拌勻後一一搓成小丸子造型即可。

Nutella 可可榛果醬　分量約2杯

義大利名醬 Nutella 自製不難，唯一缺點是放涼後會凝固，使用前需得稍加熱融化，有微波爐最是方便，我多半以最低溫預熱烤箱約5分鐘後關閉，再挖幾匙可可榛果醬入小碗或舒芙蕾烤皿，放進烤箱，讓其間的熱度融化榛果醬。

 食材

1 杯	生榛果
4 盎司（約 112 克）	黑巧克力
4 大匙（約 56 克）	奶油，切丁
1／3 杯（約 35 克）	巧克力粉
1／2 小匙	海鹽
3／4 杯	糖粉 食譜請見「廚櫃常備食材」

作法

1　以約 400 °F（200℃）預熱烤箱，將榛果平舖於烤盤，入爐烘烤直到外皮顏色變深（非烤焦），出爐放涼5分鐘，以廚房布巾揉搓去掉外皮。

2　將榛果放入食物處理機內攪打約5～10分鐘，其間不時以刮刀刮一下攪拌盆周邊，以確保所有堅果最終能被均勻攪打成泥。

3　趁著食物處理機攪打榛果泥時，取1小湯鍋加水煮至滾，將耐熱攪拌盆置於鍋上，將黑巧克力與奶油放入攪拌盆，藉滾水的蒸汽融化奶油及巧克力，之後再添入巧克力粉，拌勻。

4　將巧克力奶油倒入磨好榛果泥的食物處理機裡，加入海鹽和1／4杯糖粉，攪拌後試味，不夠甜再下些許糖粉，我大約使用1／2杯左右的糖粉。

5　Nutella 放涼後會凝結，置冰箱約可存放1～2月。

堅果抹醬

只要手上有新鮮質好的堅果，自製抹醬說穿了沒啥學問，還可客製化，依喜好調濃稠度和風味，絕對值得一試。

 食材

3又1／2杯（約 455 克）	去殼生堅果（單一或比例混合皆可）
1／2 小匙	海鹽
2 小匙	蜂蜜
4～5 大匙	葡萄籽油或其他風味中性的油脂，如堅果油、花生油

作法

1　以 350 °F（180℃）預熱烤箱，將堅果平舖於烤盤，入爐烤炙約 10～15 分鐘，記得不時察看，烤至堅果略呈金黃出油散發香氣為止。

2　將烤好的堅果、蜂蜜、海鹽放入食物處理器，啟動攪打 20 秒，在機器持續轉動的狀況下，從蓋上突出的管子一大匙一大匙循序注入油脂，中間可停機試味微調，我喜歡抹醬呈稍流動質地，如此冰鎮後依然好塗抹，嚐來也不會太乾澀。

抄小路變名廚　風味海鹽

　　這一陣子，住家所在的史丹福大學城帕羅奧圖（Palo Alto）市，搶進了不少標榜在地優質食材烹製，醃菜燻肉調料抹醬全部一手包辦，百分百擊中我罩門的餐廳，確實是福音。這樣興致一來時，再也不必迢迢奔波進城試餐廳啖新菜了，尤其不慎踢到大鐵板，心疼冤枉失血的荷包之餘，不必多忍受那宛如在傷口撒鹽的漫漫回返車程啊！一如那日興沖沖光顧新開張的猶太熟食快餐店「Roast Shop」，最終敗興而歸的經驗，至少還能阿Q地這麼想：「幸好離家頗近，省了再加碼倒貼油錢和時間。」

　　之所以上門，除了頗喜歡同家飲食集團出品的新式越南精緻速食「Asian Box」，最主要還是衝著店裡調理自製的煙燻牛肉（pastrami），這猶太經典若演繹夠水準，絕對是令人一入口即心神俱醉的美物。猜想大約美西猶太人口不夠枝繁葉茂，此味在這裡不如東岸尋常，既然聽著了風聲，自沒有不上門探究竟的道理，只可惜是個僅此一回，下不為例的悵然結局。煙燻牛肉風味尚可，無奈口感過於柴韌，較之我在 Whole Foods 熟食區拎回家的版本無過之而有不及，但最令人無言的，是馬鈴薯和酸甜高麗菜絲沙拉（cole slaw）配菜，是連食評家也不知該從何討伐起的索然無味，套句《水滸傳》裡魯智深說的：「簡直要淡出鳥來。」湊和著煙燻牛肉勉強吞得入腹。席間不只一次，多希望家裡的自製風味海鹽就在手邊，供我差遣，西班牙煙燻海鹽可以和馬鈴薯沙拉配對，風味層次肯定瞬間昇華，或者梅爾檸檬絲海鹽效果應該也不差；至於既不酸也不甜，甚至連鹹味都無影的高麗菜絲沙拉，推派孜然或者萊姆辣椒海鹽，八九成可以力挽狂瀾。看來，風味海鹽不僅是家裡鎮廚之寶，很快也將繼初榨橄欖油和梅爾檸檬（Meyer Lemon）之後，在我的旅行袱裡占有一席之地了。

沒有原則、沒有界限，1+1= ∞美味。

　　風味海鹽是啥玩意兒呢？簡單說就是調味海鹽，英國原味大廚傑米奧利佛（Jamie Oliver）是最知名的代言人，曾經在《傑米的廚房》（Jamie's Kitchen）大力提倡：「風味海鹽是為料理畫龍點睛最簡單入門的小撇步，堪稱舉手之勞的美味，可善加運用的人卻很少。」打個簡單的比方，風味海鹽大約就像時尚行頭裡的配件，配搭得當，足以讓四平八穩搖身一變時髦好靚。這道理不是不懂，也曾在舊金山渡輪旗艦農夫市場及廚物精品店裡，瞧見一排排衛兵似的各式風味海鹽待售，身價不算親民，憑著小器主婦精摳儉省本家精神，硬是 hold 住了敗回家的欲念，「肯定是噱頭，拐騙荷包的陰謀。」彷彿生怕變節似的，我總是如此強化自己的信念。一直到傑米奧利佛食書裡的提點，這才如夢初醒，嘿嘿！當下就刻不容緩的趕緊試了試自製風味海鹽，這一試，成主顧，所謂小投資大致富，大概就是這麼回事。花椒海鹽、薰衣草海鹽、抹茶海鹽等，聽來高不可攀，可食譜拆解開來，不過就是數學算式裡的一加一等於二，花椒海鹽不過就是花椒粒與海鹽一塊兒研磨合體罷了。

　　我知道你心動了，迫不及待要加入行列，在此且先容我分享幾點心得：首先，選款個性平和溫潤的私愛海鹽。最近用得最上手的是來自英倫的 Maldon 海鹽，晶瑩剔透、鹹度中庸，價格不低不高，像生來就為了成就風味海鹽而存在似的；備好鹽，就可以開始物色配對對象，大原則就是「沒有原則、沒有界限」，乾燥香料非常登對，新鮮食材香草也很適合，唯要謹記在心，若希望風味海鹽可以保存一段時間，就得多做一道風乾手續，濕氣可會招惹來討人厭的霉菌小三，破壞和諧。另外要提醒，乾燥香草調配而成的風味海鹽，迷人氣息走失得快，能夠儘快用畢是為上策。至於風味海鹽的組成，老派的我還是偏愛成雙成對，一如現實人生裡的感情世界，三個人就嫌擁擠，當然，在彼此有共識的前提下，三人行也可一派和樂美滿，端看廚娘的媒合手段夠不夠高明了。

　　一陣忙忽穿梭，女巫似的拌搗混磨，一一將風味海鹽填裝入帶蓋密封小盒，如何運用是接下來的大哉問，傑米奧利佛是這麼說的：「理想配對的風味海鹽，可以為肉品、蔬菜、海鮮、糕點，任何你想像得到的料理增滋添味。」這答案有說跟沒說一樣，但風味海鹽之運用，的的確確就是憑經驗或直覺，沒有準則對錯，唯要記得，風味海鹽的天命在於增味，故料理本身風味強悍者如燉煮紅燒類，就可直接謝謝再聯絡，不必浪費時間瞎攪和了；香煎炙烤清蒸類料理，有八成機率會比較投緣。而風味海鹽還有一個不可多得的好處是，因屬最後才下的 finishing touch 角色，故調味不必孤注一擲，可先小量試味再決定，不怕搞砸，譬如烤薯塊丁，大可先挑選出幾種可能投緣的品項，撒在薯塊丁小試味道後，再選最合意的風味盛盤，或者乾脆精選幾味一起上桌，把最後選擇權交給食客，餐會立即搖身一變賞味派對。

　　風味海鹽充滿無限可能，就看你有無膽識自信地駕馭奔馳。

原味裸食

海鹽＋香料＝風味海鹽 分量隨喜

花椒海鹽、薰衣草海鹽、抹茶海鹽……看似高貴，卻沒什麼大學問，不過就是一加一等於二，把海鹽跟香料一起研磨即成。

【風味海鹽筆記】

1 可能的話，現用鮮做最好，畢竟有些調料如檸檬皮絲或研磨成粉的香料，香氣會隨時日遞減，即使裝瓶存放也不宜擱置太久。

2 若非現用，所有食材必須乾燥再進行混合，不讓濕氣有搗蛋作怪的機會。

3 畢竟是最後總結料理的句點，使用性子烈，味道足些的海鹽有其必要，忌單調死鹹。

4 比例拿捏不妨以 1 小匙香料對 1／4 杯海鹽開始，每種香料強弱不一，宜慢慢試味調整出喜歡的比例。

5 研磨工具可使用小型食物處理器、咖啡豆研磨機（勿混用，磨香料與咖啡各有專屬，才不致影響風味）或者傳統研砵皆可。

同場加映

風味海鹽可以這麼運用

★搭配炸物如薯條、天婦羅。
★和烤肉配對，如牛排。
★讓烤蔬菜風味跳脫常軌，帶來驚喜。
★和新鮮起司、橄欖油與麵包組成快手美味開胃菜。
★讓西式濃湯賣相更佳，風味更上乘。
★和爆米花肯定是天作之合。
★拿來醃肉也很理想，但烹煮之前記得洗淨風味鹽，因沾附香料容易燒焦，而影響風味。
★和清蒸海鮮類亦速配。
★與清淡路線蛋料理，如白煮蛋、爆漿水煮蛋及美式嫩煎蛋等，絕對一拍即合。
★可以風味海鹽為靈感，舉一反三調配風味糖，如肉桂糖、香草糖、橘皮絲糖等，可運用在各式甜點糕餅和甜點醬汁調味裡。

風味海鹽的黃金組合

★花椒＋海鹽
★抹茶＋海鹽
★孜然＋海鹽
★萊姆＋辣椒＋海鹽
★檸檬＋乾燥迷迭香＋海鹽

日常平價小奢華

　　「過幾天感恩節連假，找天來個索諾瑪一日遊吧！」某日晚餐過後，我這麼提議。話聲猶未歇，人已沐浴在加州招牌的燦金陽光下，滿眼貪看著車窗流洩而過，以橙黃紅棕綠漸層色塊鋪陳的獨特深秋葡萄園景致。啊！才說走人就已置身旅遊書上的必訪勝景，可算是住在物價飆漲舊金山灣區的日常幸福小奢華。我是這麼想的──既然離開不是選項，且無能迴避經濟攀峰之無情現實，那麼，至少盡可能讓一切付出值回票價，即興一日遊便是我的小小反擊。

　　這一趟主要目的是上費里蒙小餐館（Fremont Diner），試試傳說中灣區最像樣的Diner 到底是否名不虛傳，大概是在美東過過水之故，時不時心裡總會泛起一種渴望老媽媽式美式家庭料理（即所謂 diner food）慰藉的心情。費里蒙沒叫我失望，自學出身的老闆，運用方圓鮮貨食蔬，烹製出一種既管飽又不失講究，極具灣區在地精神的慰安美食（comfort food），完美結合東西優勢，無怪乎死忠粉絲一卡車。酒足飯飽後轉戰佩塔路馬（Petaluma）逛街走市去，提著越南籍設計師 Jane Tran 出品的藕色水玉髮圈和一件折扣極好的墨黑色不規則剪裁手工上衫戰利品，逐著夕色，續往蘇沙利多（Sausalito）私愛的在地陶器品牌 Heath Ceramics 年終樣品特賣，賞玩了新品，順手帶了兩只樣式價碼皆漂亮的菜盤和幾只德國 Weck 封罐專用玻璃瓶皿回家。那是一次每每想起嘴角就忍不住上揚的在地一日小旅行，拎回家的戰利品，則是旅路上撿拾起的「好好生活勳章」。這些好好生活勳章不僅代表著喜孜孜的回憶，更是在平靜無波的日常生活裡點燃幸福火花的引信。

　　我喜歡，也一直努力經營充滿著平價小奢華的日子，那種幸福感更加綿長久遠，至於何謂平價何謂奢華，你說了才算數。但對我來說，它也是可以不必遠行，無需散財，不假外求的，譬如運用簡廉的食材，炮製市售身價不凡的法國升級料理好幫手 Crème Fraîche 鮮奶油醬，然後再將之豪邁華麗地運用在各式家製菜餚糕點裡，說真格的，真要計較的話，這何止是平價，根本是以路邊攤價碼，換來米其林星星級的超值回收。

其實呢！如果住在法國，或許就稱不上是生活裡的平價小奢華了，因為不費吹灰之力便可在市集上或起司小舖，請老闆從瓦罐依指定分量，將遵照古法製作的 Crème Fraîche 分裝在容器裡，讓你興高采烈提回家，付出的是，即便拿來天馬行空進行廚房實驗也不至於皺眉糾心的代價。在美國可不然，就算覓著了最愛的 Kendall 農場出品的 Crème Fraîche，卻得付出會讓人不由自主緊張兮兮、斤斤計較的價碼。

萬中選一，馳騁創意的好素材。

至於 Crème Fraîche 到底是何方神聖呢？若直白打個比方，它像美國酸奶（sour cream）更優雅出眾、名門出身的法國表親，質地細緻如上好骨磁，口感如綢似緞，腴滑中透著幽微內斂更有教養的酸香。風味之外，最令人稱道的是其可以打發至濕性發泡階段，且加熱不愁凝結的特質，讓 Crème Fraîche 在料理國度中更加長袖善舞，八面玲瓏。可以潛入沙拉醬汁中臥底，也可在烤布蕾甜點裡展翅飛翔，要踮著足尖在慕司或水果塔上頭畫龍點睛，亦不費吹灰力，入濃湯裡洄泳添味更是捨我其誰，Crème Fraîche 是那種萬中選一，可以變化多端，卻也能讓人千頭萬緒，不知從何著手起，一切成敗全繫於入廚者想像與創造力的奇妙食材。親近之道無他，經常實驗搏感情，又是超級老梗，卻也是不二法門。如今，循著 Dorie Greenspan 的指示，得以用上好鮮奶油和優格成功自製出成果不凡的 Crème Fraîche，讓玩味究極變得舉手可得，怎能叫人不眼露精光，興奮莫名呢？諦視著盛裝在 Weck 玻璃容器裡，白勝雪的 Crème Fraîche，盤算著該怎麼利用時，心情上可不再小器巴拉，生怕搞砸，嘿！大不了再做一份便是。

而一如我的好好生活旅行戰利品，自製 Crème Fraîche 成為我日常生活裡閃亮亮，讓人心花朵朵開的小奢華一員，比起年輕時處處撙節，收集名品衣鞋包，年紀漸長的我，似乎愈發熱衷，亦更能體會在平常日子裡，經營平價簡單的美好，舀一口自製 Crème Fraîche 來嚐，舌尖高潮會證明我所言不虛。

原味裸食

法式小奢華 Crème Fraîche 分量2杯

一般自製 Crème Fraîche，最常被點名的媒介是傳統白脫奶（buttermilk），雖然在美國隨處可買，但因鮮少用著，一直不情願只為 2 大匙而購進一大罐白脫奶，能用優格替代製作，格外開心，旋即風火輪地買來鮮奶油加以實驗，如今，Crème Fraîche 也加入我的四季常備食材行列囉！

 食材
2 大匙　　　　原味無糖優格（我用希臘優格）
2 杯　　　　　鮮奶油（請選非特高溫殺菌品項）

作法
1　取小湯鍋倒入鮮奶油，小火加熱至微溫（50℃左右）。
2　將微溫鮮奶油倒入乾淨消毒過的玻璃瓶，舀入優格，攪拌混勻，置於溫暖處約 12 ～ 24 小時，視當地氣溫而定。灣區冬季時，我會在瓶身多裹上一層布巾，放入開啟母火（pilot light）的烤箱裡，溫度頗剛好，效果滿意。
3　發酵好的 Crème Fraîche 雖濃稠，但還隱約有流動質地，蓋上瓶蓋置冰箱後會繼續凝結，約可保鮮 10 ～ 14 天。

隨喜 Crème Fraîche 南瓜濃湯 分量約3～4人分

秋天農場不斷空投各式秋瓜時，我總會做這道湯，秋意涼時喝來舒心暖胃，以下配方就當是靈感發想，因為我至少隨手變化過不下 10 次以上的版本，端看手邊有何素材，各色紅蘿蔔、各款秋瓜、蕪菁甘藍（rutabaga）、防風草根（parsnip）等皆可上陣。有時加點咖哩粉，有時灑點肉桂或肉荳蔻，有時以椰奶加味，或以椰油炒香所有食材，都是合乎邏輯的討喜變化，最後除了 Crème Fraîche，原味優格、酸奶也是好替身，手頭沒高湯，以過濾清水取代，調味得當，也是一樣快意滿足，故叫隨喜南瓜濃湯。

食材
1 大匙　　　　無鹽奶油
1 ～ 2 大匙　　初榨橄欖油
1 根　　　　　中型韭蔥（Leek），取白皙段，餘切除，
　　　　　　　切絲泡水去雜質後瀝乾，或一顆中型洋蔥切大塊亦可
3 杯　　　　　去皮去籽切丁塊南瓜
1 根　　　　　中等大小紅蘿蔔，洗淨去皮切丁塊
1 顆　　　　　中型富士蘋果，去核切丁塊
2 ～ 3 片　　　乾燥月桂葉
1／4 小匙　　　乾燥百里香
3 ～ 4 杯　　　雞高湯或蔬菜高湯，以略淹過所有食材為準
6 大匙　　　　自製 Crème Fraîche
適量　　　　　海鹽
適量　　　　　鮮磨黑胡椒

 作法

1　以橄欖油和奶油起油鍋，炒香韭蔥或洋蔥，略加海鹽調味。

2　入紅蘿蔔塊、南瓜丁塊和蘋果丁塊續炒至香，約 2 分鐘。

3　入高湯、月桂葉和百里香，火力全開煮至翻滾冒煙，轉小火熬煮至食材軟爛。 取出月桂葉，以網篩濾起湯料，放入食物處理機或果汁機，倒入濾下來的高湯 1 杯，攪打成細泥。

4　將步驟 3 的南瓜泥，混合餘下高湯，入原鍋小火加熱至冒小泡，最後再試鹹淡。

5　分盛入湯盤，上桌前再舀 1 ～ 1.5 匙 Crème Fraîche，撒上黑胡椒。

季節水果奶酥 分量約6～8人份

如果有所謂快手甜點，水果奶酥應該可以名列前茅，製作簡單，還可隨著四季輪轉變換口味，從春天的草莓，仲夏的核果子，到秋冬的蘋果甜梨，這個基礎奶酥還可以多烤些，備分在冷凍庫，隨傳隨到，而且不只做水果奶酥，用途可多著，佐冰淇淋、灑於糖漬水果上、搭著優格吃，都極稱職。

 食材　水果餡

2 磅（約 900 克）	西洋梨（可替換成季節水果），去皮去核切片
1／4～1／2 杯糖	糖（視水果甜度酌量加即可）
2 大匙	麵粉（較多汁的水果可酌加）

奶酥

1 又 1／2 杯	中筋麵粉
適量	海鹽
3／4 杯（約 170 克）	冰鎮奶油，切丁
2／3 杯	二砂糖
2／3 杯	自製 granola 食譜請見「百變早點王 granola」 或燕麥片

佐食 Crème Fraîche

1／3 杯	Crème Fraîche
2～3 小匙	糖
現磨	小荳蔻粉（cardamom）

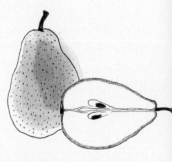

作法

1　以 350 ˚F（180℃）預熱烤箱。

2　將梨子、糖和麵粉置於烤盤，攪拌均勻，盡量將水果餡堆疊得緊密些。

3　將奶酥部分的麵粉、海鹽放入食物處理機，以暫停鍵稍混勻，加入奶油丁，繼續以暫停鍵混拌，直至奶油麵粉呈粗沙狀，倒入糖和 granola，稍混拌後用手抓捏出一些小團塊，細中有粗，有大有小的質地，烤出來的口感更好。

4　將奶酥均勻灑於備好的水果餡上，入烤箱烤約 35 ～ 45 分鐘，直至水果餡沸騰，奶酥也呈金黃色澤為止。

5　將 Crème Fraîche 放入中型攪拌盆，加糖打發，再下小荳蔻粉，拌勻。

6　挖一份溫熱水果奶酥，再舀適量 Crème Fraîche，即可享用。

藍莓 Crème Fraîche 咖啡蛋糕 分量約 6～8 人分

老實說，Crème Fraîche 在這食譜裡有些大材小用了，鋒頭全被性格更鮮明的藍莓與檸檬皮絲給搶盡，可是雖然並非百分百彰顯，卻也以很含蓄內斂的姿態加持了蛋糕質地和溫潤度，換作以往，我肯定捨不得如斯揮霍，如今自製自足，完全沒在怕。

 食材 水果餡

2 杯外加 2 大匙	中筋麵粉，分次量放
1 又 1／4 杯	二砂糖
2 小匙	無鋁泡打粉
1／2 小匙	細海鹽
1 杯（8 盎司）	自製 Crème Fraîche
2 顆	大型雞蛋
1／2 杯	風味溫潤初榨橄欖油（果香尤佳）
1 小匙	自製香草精或柑橘系精華露 食譜請見「家製廚房精華露」
1 顆	中型有機檸檬磨下的皮絲
1 又 1/3 杯	藍莓（冷凍或新鮮皆可）

作法

1　以 350 °F（180℃）預熱烤箱。取一 8 吋方形烤盤，塗上薄油，撒上薄麵粉或糖粉。

2　取一大攪拌盆放入所有乾料。另外將 2 匙麵粉與藍莓混拌，使藍莓穿上一層薄粉衣。

3　以中型攪拌盆攪打 Crème Fraîche 和雞蛋，直到均勻滑順，倒入橄欖油和精華露，混勻，再拌入檸檬皮絲。

4　將濕料倒入乾料，均勻混合，此麵糊質地偏稠，最後再拌入藍莓。倒入備好的烤盤，入烤箱烤約 40～45 分鐘，表面呈金黃色澤，牙籤插入中心區，抽出無沾黏為止。

5　將蛋糕連烤盤置於網架上放涼至少 30 分鐘再脫模。

廚櫃常備食材

美國廚房有一個我很喜愛的設計叫 Pantry，我曾打趣地說：十年前，夢想有個 walk-in 衣櫥，十年後的我，夢想有個 walk-in pantry，這 pantry 說來有點像廚娘的小叮噹任意門，若以字面狹義解讀，算是存放食材調料備糧的空間，廣義一點，還可以將冰箱及冷凍庫一併列入，缺少做菜靈感或忽有訪客登門時，打開 pantry 翻箱倒櫃一番，難題通常可以神奇地迎刃而解，美國一般配備齊全的廚房，多半會撥出一方空間或者一整面櫥櫃充做 pantry，好讓煮婦備齊儲放私愛食材乾糧，揮刀弄鏟起來，更加如虎添翼。以下是幾款可簡單自製，並經常能派上用場的家庭廚房常備食材。

原味裸食

煉乳 分量約 3／4 杯

煉乳是兒時最甜美的記憶,單食或吃冰品時淋上,堪稱味蕾至高享受,開始注意食物製程、身世與哩程後,罐頭包裝,好似可永久存放的煉乳,正式成為塵封的記憶。直到撞見自製煉乳的方法,煉乳美味再度鹹魚翻身、敗部復活。

 食材

1又 1／2 杯	全脂牛奶
1／2 杯	二砂糖
1／2 小匙	自製香草精
	食譜請見「家製廚房精華露」

 作法

1　將牛奶和糖放入厚底中型湯鍋,以中小火煮至蒸氣升騰時轉文火(其間時不時攪拌),慢慢續煮至牛奶濃縮到略少於一杯的分量。

2　離火後加入自製香草精,放涼即可倒入乾淨玻璃瓶,冷藏可保存約兩個禮拜。

淡奶 分量約 3／4 杯

淡奶(evaporated milk)其實就是不加糖的煉乳,作法原理如出一轍。

 食材

1又 1／2 杯	全脂牛奶

 作法

1　將牛奶放入厚底中型湯鍋,以中小火煮至蒸氣升騰時轉文火(其間時不時攪拌),慢慢續煮至牛奶濃縮到略少於一杯的分量。

2　離火後放涼,即可倒入乾淨玻璃瓶,冷藏約可保存兩個禮拜。

糖粉 分量 1 杯

因為市售風味不佳及過於精製，抵制糖粉好些年，但有些時候，譬如做奶油起司抹醬或各式奶油霜時，深覺無糖粉可用之不便，再者，糕點入鏡時，有糖粉加持，美感指數硬是直線狂飆，自從開始自製糖粉，再也不必陷入用與不用的天人交戰。

 食材 1 杯　　　　　　二砂糖
　　　　1 ／ 2 小匙　　　玉米粉

 作法 1　將所有食材放入果汁機，按暫停鍵間續攪打，直到符合你希望的粉末程度，其間時不時停機開蓋搖晃，或以湯匙輕刮容器四個角落，確保所有糖粒可以攪磨成粉。開蓋之前記得先讓裡頭的糖粉沉澱一下，才不致於被糖粉噴個滿臉哦！
　　　　2　糖粉放入保鮮玻璃瓶，鎖緊瓶蓋可存放數月。

椰奶 分量約 1.5 杯

市售椰奶罐頭同樣早在多年前，被我打入冷宮，除了包裝令人不安，還有一股無法言說的罐頭氣味，不幸的是，少了椰奶，等於將東南亞料理一股腦排除在外，在紐約時報讀到以無糖椰絲自製椰奶的方法，成品略遜於以新鮮椰子製作的椰奶，但可比罐頭安心太多，多做一些，也可以搭配 granola（食譜請見「百變早點王 granola」）。

 食材 1 杯　　　　　　無糖椰絲
　　　　1 又 1 ／ 2 杯　　水

 作法 1　將水煮至熱燙但未滾沸的程度。取一湯碗放入無糖椰絲，以熱水沖入，靜置浸泡直至溫度下降到微溫。
　　　　2　將泡好的椰絲水倒入果汁機，攪打約 2 分鐘，倒入紗布濾袋瀝出椰奶，別忘了以手擰絞，擠出所有汁液。
　　　　3　製好的椰奶可以直接飲用或拿來烹煮，存放於乾淨玻璃罐裡，冷藏約可保鮮 3 ～ 4 天。
　　　　4　濃淡程度可依喜好或使用目的自行調整。
　　　　5　擠完椰奶剩下的椰絲，可以用來製作椰絲巧克力甜球。食譜請見「堅果及其變奏」

起司粉 分量約 1 / 3 杯

吃匹薩、義大利麵、爆米花都可來一點的起司粉，自製不難，而且最棒的是，風味不限，手上有什麼起司，都可拿來實驗，甚至混合口味也行。

 食材
2 盎司　　　　　　　巧達起司（或手邊有的他種起司）磨成細絲
1 小匙　　　　　　　水
1 / 4 ～ 1 / 3 杯　　樹薯粉（tapioca starch）
1 / 2 小匙　　　　　細海鹽
1 / 4 小匙　　　　　二砂糖

作法
1　以烤箱最低溫預熱烤箱，取一烤盤舖上烘焙紙備用。
2　將起司和水放入一小醬汁鍋，以中小火加熱，不斷攪拌，直到起司融化為止，密切注意勿讓起司燒焦。
3　將融化起司加入 35 克樹薯粉，放入食物處理器攪拌盆裡，以按暫停鍵混拌到類似麵包粉的狀態，可以視起司粉乾濕狀態續加樹薯粉，總之最終是希望達到乾粉不黏的目標。
4　將攪拌好的起司粉，平舖在烤盤上，放入烤箱烘烤至完全乾爽，約 40 ～ 60 分鐘。取出放涼，和鹽與糖一起，放入香料研磨器或果汁機裡攪打至細粉末狀，中間亦可視粉末乾濕度再添些樹薯粉，儲放於密封玻璃罐冷藏約可保鮮 3 ～ 4 週。冷凍則可延長至 1 ～ 2 個月。

麵包粉 分量隨喜

在還未自製麵包粉之前，我多半使用 panko 的麵包粉，但使用自製湯種麵包加工而成的麵包粉，新鮮風味可說打敗天下無敵手啊！

 食材
數片　　　自製湯種麵包 食譜請見「日日湯種麵包」

 作法
1　以 350 ℉（約 180℃）預熱烤箱。
2　食物處理機裝上刨絲圓片，將麵包一片片餵入中空管子，刨成碎屑。
3　將麵包碎屑平舖於烤盤上，放入烤箱烤約 15 ～ 25 分鐘，直到開始染上金黃色，中間最好三不五時查看，翻攪一下，確保烘烤均勻。
4　放涼後裝入乾淨玻璃瓶，鎖緊瓶蓋，冷藏約可保鮮 2 ～ 3 個月，包裹妥當放入冷凍，則可保鮮一年半載沒問題。

第二篇

Playdate 挑嘴公主
也臣服的甜點

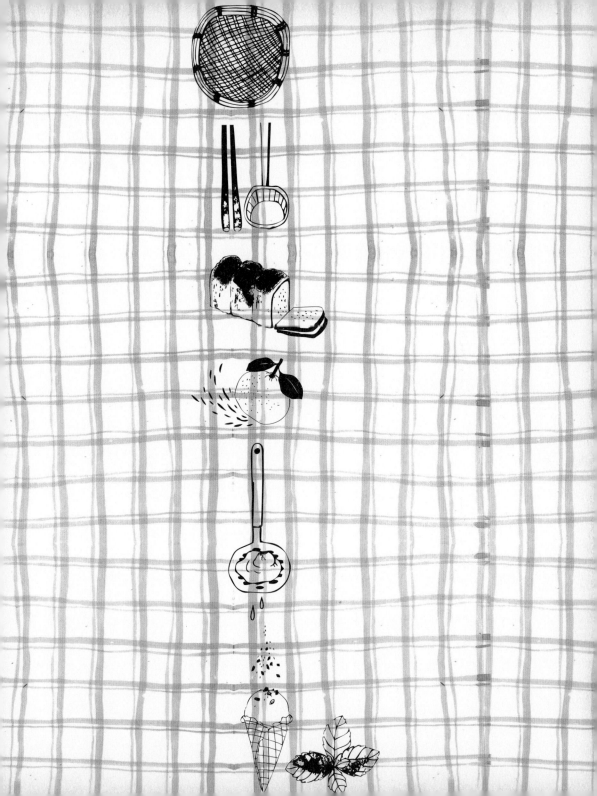

Pick-me-up!
鍋煮 印度香料奶茶

　　人生不如意十常八九，這裡的不如意無關大災大難，而是日常生活裡，就算滿心不甘願，也沒得討價還價，得悉數照單全收的逆心小事，拿我來說吧！明明不是晨型人的料，為了小孩，卻不得不早起；喜歡進廚房挽袖做料理，卻對事後狼籍只想視而不見，或者恨不得手上有根魔杖一點，瞬間杯淨鍋亮；秋去冬來，氣溫驟降，耐熱懼寒的我，只想學著土撥鼠冬眠去，一切等春暖花開再發落，無奈人生的遊戲規則可不依你……

　　我很喜歡美國林肯總統說的這句話：「對多數人來說，你認定自己有多幸福，就有多幸福。」（Most folks are as happy as they make up their mind to be.）如果逆心之事如影隨形揮之不去，那就想辦法添點樂趣在其中。一天一杯限量晨間咖啡，光想像就足以讓我從床上一躍而起；收拾廚房時，放送喜愛的古典音樂，時不時再配上一塊烤蛋糕或幾片小餅乾，抹地刷盤的手腳似乎稍微輕快起來；而一年一度的冷冬季節來臨，廚櫃裡四時常備的香料和紅茶存糧，讓氣溫探底的日子也能不懼不憂。是的，一杯捧在手心，暖意滲透蔓延四肢百骸的濃馥印度奶茶，是寒天日子裡，我心目中最溫柔的犒賞，也許是這樣一份帶著甜意的期待心情，或是香料精靈們在施展著魔法，當然，也不排除在酷冷時另起灶升火這件事，本質上並不令人拒斥。總之，需得挪時間備料，再花個一時半刻煮就的印度奶茶，儘管費工卻從來動搖不了我想品嚐的欲念，甚至可以輕鬆愉悅地，視當日心情來調配香料內容和比重分配。

暖到骨子裡的療癒力，瘋迷全球。

　　印度奶茶有一好，就是在大原則之下，給你百分之百詮釋定義味道香氣的自由，喜歡肉桂香還不簡單，選根個頭高實的肉桂棒上場便是；廚房案頭上有當季橘子，削一兩片橘皮添入也很妥當，切記得選用有機品種，因柑橘系果皮易藏納化肥藥劑；想要風味熱辣一些，就多切幾片辛薑下海助陣；而我自己偏愛小荳蔻（cardamom）兼俱穠麗和清新的混融氣息，總是忍不住多放幾枚，聽令味蕾帶路，就這麼簡單。

　　在烹煮上，領我見識印度香料奶茶魅力的前芳鄰阿米塔，偏好分兩階段熬香，首先以清水悶煮香料，釋放基本香氣底蘊後，對入全脂牛奶微火續悶再起鍋過篩。一回有幸受邀到阿米塔家喝早茶，我在旁暗暗記下其煮茶的節奏手法，後來細想，其實道理與我慣常準備鍋煮奶茶實屬異曲同工，關鍵在將所有食材混在一塊兒起舞共煮，使所有香氣全然合體，如此這般煮就的奶茶風味足、層次夠，才不致出現茶是茶，奶是奶，兩廂同床異夢的無言結局。在我看來，兩種鍋煮奶茶最大差異是，一般鍋煮奶茶宜以直截單純的糖品調味，以避免搶了茶香鋒頭；而印度香料奶茶與神祕多變的各式風味蜂蜜最是速配。總的來說，一杯用心講究煮就的硬底子印度香料奶茶，該是一道完全可獨撐下午茶桌大局，叫人忘了其他茶點存在的甜點級飲品。

除了風味可圈可點，發源盛行於印度、西藏、尼泊爾和巴基斯坦一帶，至少五千年以上歷史的香料奶茶，也有令人嘖舌的益身效果，畢竟據傳這茶可是由一位積極追求養生的國王所調配出的療癒茶飲呢！在印度的阿育吠陀（Ayurveda）傳統醫學裡備受肯定，亦順理成章地助長了在南亞的流行，歐美卻一直遲至東風漸次抬頭西進的近代，才識得印度奶茶的好。和咖啡對健康到底是加分或減分持正反意見各半的爭議背景不同，印度香料奶茶的效益如假包換，不容質疑，主要在其組成分子，個個是實力派食料，譬如茶在抗氧化這點上有口皆碑，可保護心血管，亦是抗癌健將；老薑助消化、增強抵抗力、促循環兼消炎；小荳蔻助排毒、促循環，同樣有增強抵抗力之效；丁香（clove）抗菌、止痛兼助消化；肉桂可穩定血糖、消炎抗菌暨抗氧化，羅列起來可不是威風八面！當然，以上只適用於以新鮮香料煮製的印度奶茶，坊間身分不明之搶搭銷售風潮懶人包可不掛保證。若希望更進一步升級香料奶茶的保健力，可考慮以綠茶取代紅茶，甜味添加限量低調，再以豆漿（食譜請見「絲緞豆腐之戀正要展開」）、米漿或堅果奶（食譜請見「堅果及其變奏」）取代全脂鮮乳，光聽就覺得能量無限，滋味想像起來，似乎也不壞，值得擇吉日一試。

　　也許再過幾年，印度香料奶茶對我而言，已不僅只是冬季限定，而是進一步晉升為日日晨時的滿心想望，就像阿米塔一樣，虔心敬謹地為自己熬煮一壺好茶，讀書、聽音樂，甚或只是閒坐冥想，度過一段無限靜謐的獨處時光。無論如何，生活中，有印度奶茶的陪伴，真好！

鍋煮印度香料奶茶 分量約3至4杯

此配方是根據自個兒喜好量身訂作，有時也會即興添點黑胡椒或
茴香籽（fennel seed），只要下手掌握好輕重力道，印度香料奶
茶的實驗空間無限寬廣，倒是煮製步驟手法忌抄捷徑，美味成敗
關鍵均繫於此。

1 杯半	水
1 根	肉桂棒
10~15 顆	小豆蔻
4 顆	丁香
1 小指節長	老薑去皮切薄片
1 小片	有機橘皮（可放可不放）
3 包或 3 小匙	紅茶茶包或茶葉
2 杯	全脂鮮乳
適量	蜂蜜

1　將前 7 項食材放入中型小湯鍋，起火煮至滾，轉小火
悶煮 15 分鐘。

2　放入全脂鮮乳，將火轉至最小，保持在將沸不沸的狀
態悶煮 15 分鐘。

3　起鍋前以蜂蜜調味，即可過篩盛壺。

鍋煮印度香料拿鐵 分量約1～2杯

家裡沒有打泡器，若有法式壓濾壺（french press）也是可以頂著用，香料奶茶作法如同上述
步驟。在即將完成前，取另一小鍋放入 1 杯半全脂鮮乳加熱至將滾未滾之際，倒入法式壓濾
壺裡，上蓋，再以類似汲水動作快速上下壓濾，就可以壓製出相當奶泡，達到認可的細密度，
便可小心倒於奶茶之上，灑上一點肉桂粉，就是升級版的印度香料拿鐵。

不露營吃也好的 S'more

　　説來還真令人有點羞於啟齒，我這一輩子至今僅體驗過半套露營經驗的露營門外漢，竟然如此大費周章地耗神研製心目中的理想 S'more，這樣也就罷，竟還膽敢如此大剌剌地出櫃嚷嚷，肯定要叫身邊一竿子野營練家子朋友鄙視恥笑。不打緊，人生沒有十全十美的，我相信身邊自有另一缸子講食究味的饕客友人，會為我的究極壯舉擊節叫好。這麼一來一往，等於扯平。

　　追根究柢，對露營無感，帳不能全掛我頭上，自小欠缺環境栽培浸淫是關鍵，地狹人稠的台灣，橫看豎看都不是孕育露營達人的地靈所在，事實上，即便是天遼地闊的美國，東西岸人對露營，態度亦是冷熱有別。旅居東岸普林斯頓城時，絕少聽人吆喝著一塊露營去，移居舊金山灣後，露營簡直和巨人隊賽事一樣，是群聚聊天開嗑牙時的絕佳話料，對一介正港西岸在地人來説，長週末度假露營，是再天經地義，理所當然不過的事。於是乎，僅管內心有八九分篤定，露營不是我的菜，説是入境隨俗也行，不想因為太鐵齒而錯失人生經驗也罷，我終究還是給了露營一次機會，某年，在露營老手夫妻檔友人麗莎和傑克力邀下，抱著豁出去的心情一口答應。早早風聞 Big Sur 國家公園美景麗緻，可以想見園內營地之熱燙搶手，多虧傑克掐準黃金時機固守在電腦前，才掄下兩個得來不易的營位，以逸待勞的我，只能心懷感激的完全配合。也不知是不是天意，就在出發前一週，還在為著該備哪些食料？配備到底該租還該買而猶豫不決，就差沒擲骰子決定之際，竟傳來 Big Sur 國家公園因天乾物燥烽火漫天而園門禁閉的消息，我那下了破斧沉舟決心才答應的露營處女行，就這麼給半路腰斬，心情有點悵然，有些失望，當然，如果我夠誠實的話，也不乏幾咪咪鬆了口氣的感覺。

　　露營這件事和讀書習慣一樣，需得在黃金時段中著床孕育培養，否則再回頭已百年身。無論如何，想給孩子一次露營體驗，抱著如斯心情，翻閱著美加西岸生活情報《Sunset》雜誌，一眼瞄到一處位於聖塔芭芭拉海岸邊的半自助露營度假地 el Capitan Canyon 的旅訊，好傢伙，這可不是最切合我這種對露營欲拒還迎，想先探探水溫，再決定是否給出一生相守承諾（畢竟全套露營配備張羅起來大傷荷包，擺在家裡亦占空間，不可不慎）的新手嗎？爽俐捨棄豪華小木屋，訂下傳統非洲狩獵式帳篷，便趁著感恩節假期南下露營去。大隱於市，臨海背陵，帳篷木屋棋布，像落入綠林裡的繁星，厚實帆布搭成的篷子，讓我有種跌入電影《遠離非洲》的錯覺，篷外配有原木桌椅和燒烤架，是要自食其力或者外出覓食，任憑君擇，排遣時間的戶外活動一概俱全，不甘寂寞時，就溜到開車十來分鐘的聖塔芭芭拉市鎮走逛，三天兩夜過得快活無比，心裡至此也已有數，這輩子是與全套露營無緣的了。

老少咸宜的營火小食。

　　除了篤定了對露營的心意，這次旅行初嚐美國營火甜點 S'mores 的滋味，兩天夜晚多虧隔營歐布萊恩一家盛情相邀，加入他們一家祖孫三代的營火圍聚，墨色夜空下，向上奔竄的薪柴火光，烘得人透心暖，素昧平生，機緣遇合的兩家人，熱絡聊將開來，而高潮自是女主人拿出棉花糖、全麥餅乾和巧克力塊三寶，招呼小人們自製 S'more 三明治的那一刻。首先將方塊巧克力置於餅乾上備用，再以細鐵棒串上棉花糖，湊近營火像做日光浴一樣，慢慢燻灼至軟綿無骨，雪肌染上一抹焦色，取下速疊於巧克力上，上頭再按壓另一塊餅乾，棉花糖融了巧克力，化成黑白相間似的岩漿逶邐流下，這就是老少皆歡的美國營火美味小食，鮮少不吃得整臉滿手，但那亦是千金難換的吃 S'more 意趣。

　　一向認為美國人對食既不夠冒險進取，也無想像力可言，使得被貼上美式料理的菜點，少有亮眼之作，私以為溫熱甜派佐冷冽冰淇淋算是家常絕品；外層薄酥內裡馥潤的布朗尼也稱尚佳；綿郁芳美的紐約起司蛋糕亦上得了檯面；再來嘛，每年八月十五，有著專屬全國歡慶日，苦甜焦酥層次俱在的 S'more 擠入前五名應該沒問題，畢竟以英文「Some More」諧音為名，說什麼也不可能是省油的燈。S'more 來源身世不可考，最早確以營火甜點之姿，出現於 1927 年出版的一本女童軍刊物上，其不可撼動的營火國民甜食地位也由此奠定。將組成元素一一拆解來看，S'more 的確潛力十足，全麥餅乾的脆香、火炙棉花糖的溫柔微焦甜蜜，再以苦到骨子裡將融未融的巧克力來拉距平衡，不管從層次口感風味來品評，都抓到料理美味的精氣神髓。先天富潛質，能否臻化境，還是得回到那句全世界主廚奉為圭臬的名言：「你的食材有多好，做出的料理只可能更糟，絕不可能超出食材的好。」從來只識得以市售平價三元素合製的 S'more，不禁心蕩神馳地勾勒著以自製食材上陣演出的 S'more，滋味將是何等神妙？

　　嘿嘿！你做了就知道。容我在此賣個關子，挽袖之後，你將會以很有愛的眼神向我致謝，我有百分百的自信。

全麥餅乾 (graham cracker) 分量依切割大小而訂，約可做 36 ～ 48 塊餅乾

雖然英文以 cracker（通常指鹹味餅乾）喚之，可卻是不折不扣的甜餅乾，做工算餅乾界裡的「搞剛款」，蜂蜜和全麥麵粉的加持，深化了風味層次，那是一般甜餅乾少見的底蘊氣質，拿來做 S'more 剛好，充當課後點心也很安心，捶碎和上融化奶油充做紐約起司蛋糕餅乾底，更是絕妙，或者磨碎灑在自製冰淇淋（食譜請見「單一食材之偽霜淇淋」）上，也是天作之合哦！

食材

1 杯又 2 大匙	全麥低筋麵粉（whole wheat pastry flour）
1 又 1／2 杯	中筋麵粉
1 杯	二砂糖或黑糖
1 小匙	蘇打粉（baking powder）
3／4 小匙	細海鹽
7 大匙（100 克）	無鹽奶油，切丁後置冷凍
1／3 杯	風味溫和的生蜂蜜（我用橘花蜜）
5 大匙	全脂牛奶
2 大匙	自製香草精 食譜請見「家製廚房精華露」

作法

1　將所有麵粉、糖、蘇打粉、細海鹽放入食物處理機，暫停鍵稍混拌，入冰鎮奶油，同樣以暫停鍵切拌直到粉料呈現粗沙壞狀，倒置於中型攪拌盆。

2　取湯碗混合蜂蜜、牛奶和香草精，與中型攪拌盆裡的乾料混合，麵糰質地柔軟但會稍黏手。

3　攤平一張保鮮膜，上頭灑點手粉，將麵糰置於其上，整成 15 公分左右正方形，以保鮮膜服貼包裹，放入冷藏冰鎮隔夜或至少 2 小時以上。

4　將麵糰均分成兩份，取一份進行擀平切割，另一份放入冰箱續冰。於乾淨工作台上撒薄粉，將麵糰擀成約 0.2 ～ 0.3 公分左右長方形薄片。以利刀先修整四方邊界，畸零麵糰以保鮮膜包妥放入冰箱冰鎮，稍後可再處理利用。將修整好的麵糰切割成大小相仿的方形或正方形，一一排放於墊上烘焙紙的烤盤，以叉尖於餅乾上按壓點綴小圓洞（可以隨喜變化），入冰箱冰鎮至少 1 小時以上方可入爐烘烤。重覆以上動作處理第二份麵糰。

5　以 350°F（180℃）預熱烤箱，入爐烘烤約 12 ～ 18 分鐘（視餅乾大小及烤箱溫度而定），因時間短，建議 8 分鐘後開始觀察，烤至底稍微上色即可。

棉花糖（marshmallow）
分量約 40～50 個 2 公分大小正方形棉花糖

軟綿 Q 彈像嬰兒的肌膚一樣柔嫩，很難有
人不喜愛，用火燻灸飄出的焦糖香，連不
愛吃糖的人都會動心，不管是單吃、配熱
可可都不錯。

3 小包（21 克）	吉利丁
1／2 杯	細砂糖
3／4 杯	Lyle's Golden Syrup
1／4 小匙	鹽
1 小匙	自製香草精
	食譜請見「家製廚房 精華露」

作法

1　取一個 9 吋方形烤盤，均勻抹上薄油。

2　將 2／3 杯水倒入桌上型攪拌器的鋼盆，
　灑上全數吉利丁，靜置 5 分鐘。

3　將 1／2 杯水、糖、golden syrup 和鹽放
　入中型湯鍋裡，於鍋緣架上製糖果溫度
　計，以中大火加熱，全程不攪拌，直至
　溫度達約 250 ℉（120℃）。

4　攪拌器裝上打蛋器（wire attachment），
　以低速啟動，慢慢將熱糖漿倒入，放入
　香草精，再轉中高速攪打約 12 ～ 15 分
　鐘，直到盆裡的混合料呈厚實雪白亮澤
　的質地。

5　將棉花糖倒入備好的烤盤裡，以刮刀稍抹
　平，不加封蓋，靜置至少 12 小時以上。

6　定型後即可依需要切割成小方塊，喜歡
　的話，撒點自製糖粉（食譜請看「廚櫃
　常備食材」）更美味。

烤箱版 S'more
野營時以營火烤灸棉花糖再合體的 S'more 固然別有風味，但善用烤箱則隨時可回味 S'more 的好滋味。

 作法

1　以上火炙烤（broil）低溫設定預熱烤箱，烤架置於距離上方約 15 公分處。

2　烤盤上放上餅乾，再穿插放上棉花糖和苦味巧克力，置於烤箱內加溫直到巧克力融化，
　棉花糖微焦上色，取出兩者合體即可享用。

同場加映　熱可可佐棉花糖 分量約 2 人份

看到棉花糖就想到熱可可，煮製不難，不如就來上一杯吧！歐洲傳統版走濃得化不開路線，我還是偏
好點到為止，近乎巧克力牛奶質地的熱可可，想要再濃一些，就丟一點苦甜巧克力進去攪和攪和，偶
爾想換換口味，也會撒些許乾燥薰衣草，分量拿捏得宜，風味出乎意料之外的登對唷！

58 克	二砂糖
40 克	法芙娜巧克力粉
1 小撮	海鹽
2 杯	全脂牛奶
1／2 小匙	自製香草精
	食譜請見「自製廚房精華露」
1 小撮	乾燥薰衣草（加不加隨喜）

作法

1　取一小鍋，將所有食材放入，以中火煮
　至將滾未滾，過程不時攪拌，以利混勻。

2　完成後稍靜置讓薰衣草入味，過篩後倒
　入馬克杯，放上幾枚自製棉花糖，趁熱
　享用。

偷師甘那許魔法師的　松露巧克力

「需要我幫你從紐約扛啥過去？快開清單吧！」接獲幾次紐約新朋舊友拋出的這問題，經過長期反覆推敲，答案總算從千頭萬緒不知從何下單（畢竟希望得償所願，同時又不想過分操勞友人可非易事），抵達如今的淡定從容不迫。

三大常備候選名單，不意外，全都環繞著口腹之欲打轉，正所謂江山易改，食性難移。La Maison du Chocolat 的原味松露巧克力、Lady M 的經典千層可麗蛋糕和 Laduree 的馬卡龍，都是舊金山不易張羅的品項，確實託帶內容則視情況而定，交情老又好，嬌貴難伺候的 Lady M，絕對強迫中獎；Laduree 久久過次癮即可，荷包羞澀便自動省略；無論如何都會託帶的，就屬 La Maison du Chocolat 了，而且非得原味松露不可，我強烈懷疑，對巧克力的情意，就是 La Maison du Chocolat 所助長燎原。曾經以為巧克力非我所愛，過盡千帆才恍然，不是我不愛巧克力，而是所遇皆屬披著巧克力外衣的贗品。法國哲學作家 Jean Paul Aron 譽封「甘那許魔法師」的 La Maison du Chocolate 創始人 Robert Linxe，果然不是浪得虛名，確有讓鐵齒巧克力無感者完全變節大逆轉的實力。

每回一盒在手，光是筆挺有稜有角的深棕描黑邊，繫上量身訂作繡有店名浮印緞帶蝴蝶結的包裝紙盒，就讓眼光像上了萬年膠似的移不開，那作工、那質地，直與 Louis Vuitton 或 Hermes 排場相不上下，對於這樣無論如何就是要從裡講究到外的品牌，即便價格免不了跟著浮漲，我還是忍不住要擊節叫好。用超有愛的眼神再三端詳，佐以口中喃喃讚嘆碎語，這才眷戀不捨地拉開結帶，撲鼻香氣迎面襲來，那是一種無論內心做如何周全準備，還是會被震得七葷八素的綺麗芬芳。

　　捻一枚放入口中，腦子裡覆頌著 Robert Linxe 的提點：「細品慢嚼。」按捺住想要生吞活剝的奔騰衝動，放手讓巧克力的意識做主帶路，貫注心神於味蕾，感受其間的千迴百轉。一層薄得像女人身上幾乎不存在的 La Perla 蕾絲內衣似的可可粉，揭開耐人玩味的序幕，接著是混融苦甘甜鮮滋味——在味蕾上輕解羅衫，如凝脂的細膩腴滑質地，是叫人傾心再也無力掙脫的甜蜜咒語。

　　上癮是一種愛恨交加的感覺，靠著紐約友人運柴薪解口欲，當然不是辦法，可即便 La Maison du Chocolat 就近在咫尺，荷包也受不住頻頻失血之痛，兀自惱著，竟就鬼使神差地撞見《Gourmet》（美饌）雜誌發表的 Robert Linxe 松露巧克力配方，「真是佛心來著的大師風範啊！」我這麼想，一邊已在摩拳擦掌。看來不難，至少，沒有想像中困難，飛也似地備好材料，照大師指點，煉製起來，初試身手實作過程不像食譜那般輕描淡寫，而且搞得髮稍、指節手掌和圍裙上棕跡片片，千萬可記得穿著衣櫃裡最素樸的行頭上陣，廚房專用手套絕對不可省，如此嚴陣以待，一回生二回熟，一切終將漸入佳境，再說這叫人跋山涉水都甘願的極品，費丁點工又算得了什麼。

原味裸食

La Maison du Chocolat 主廚老闆的松露巧克力 分量約 40～50 顆

真的沒有踢館的意思，可是我用這松露巧克力，裹上京都一保堂的上好抹茶粉，和法芙娜巧克力粉（Valrhona）捉對廝殺，前者似乎更得食客青睞呢！私以為抹茶和巧克力截然不同的苦味調性，卻是意外的搭配，無論如何，多一種享受松露巧克力的方式，總是令人開心的。

其次關於最後塑形，一次為了趕赴瑜珈課錯過黃金時間，回到家巧克力鮮奶油已凝固多時無法放入擠花袋擠出塑形，於是將錯就錯，結果口感的滑順度略遜於主廚的費工版，但省下的功夫讓我覺得其實妥協還算值得。最後一個作法是偷師日本的 Royce 生巧克力，捨棄了松露造型，省時省力，口感不流失，只是得辜負松露之名。到底哪個作法切合實際，就交給廚娘們各自定奪。

 食材

11 盎司（310 克）	巧克力（56% 可可含量）
2／3 杯	鮮奶油
適量	Valrhona 可可粉（最後沾裹用）
適量	上好抹茶粉（最後沾裹用）

作法一

1　切碎 8 盎司（226 克）巧克力，置於攪拌盆備用，取一厚實小醬汁鍋，倒入鮮奶油以中小火加熱至滾。

2　將鮮奶油倒於碎巧克力上，輕柔由外圍往內裡攪拌（非攪打），直至巧克力與鮮奶油完全融和。靜置於室溫約 1 個小時，或直到可以塑形的軟硬度。

3　將步驟 2 的巧克力甘那許放入擠花袋，慢慢將「巧克力松露」一顆顆擠到舖了烘焙紙的烤盤上，放入冷凍約 15 分鐘，直到稍微堅硬。

4　將剩下的 3 盎司巧克力隔熱融化，戴上裝飾蛋糕用手套，抹些許融化巧克力於手套上，取 1 枚「松露」沾滿融化巧克力，再沾裏上可可粉或抹茶粉，旋即置於網篩內轉一轉，甩掉多餘的粉末，不多不少才恰到好處。

5　製好的松露巧克力未食畢可置冷藏保鮮。

作法二

1　切碎 8 盎司（226 克）巧克力，置於攪拌盆備用，取一厚實小醬汁鍋，倒入鮮奶油加熱至滾。

2　將鮮奶油倒於碎巧克力上，輕柔由外圍往內裡攪拌（非攪打），直至巧克力與鮮奶油完全融和。靜置室溫或冰箱數小時，再以湯匙挖起適量甘那許巧克力，於掌心揉搓成松露狀，再沾裏上可可粉或抹茶粉，旋即置於網篩內轉一轉，甩掉多餘的粉末即可。

作法三

1　準備一方形烤盤，舖上比烤盤尺寸稍大的烘焙紙，四邊高過烤盤緣尤佳，方便最後脫模。

2　切碎 8 盎司（226 克）巧克力，置於攪拌盆備用，取一厚實小醬汁鍋，倒入鮮奶油加熱至滾。

3　將鮮奶油倒於碎巧克力上，輕柔由外往內攪拌，直至巧克力與鮮奶油完全融和。

4　倒入備好的烤盤，置室溫或冰箱數小時凝固後脫模，切成方塊大小，再沾裏上可可粉或抹茶粉，旋即置於網篩內轉一轉，甩掉多餘的粉末即可。

條條大路通　果乾

　　去年搬家，一股腦地出清四五箱舊書和 CD，好些以往拖泥帶水地，抱著也許哪天會想重讀溫習而繼續收留的，這次十分決絕明快，毫不留戀就是要分道揚鑣。大概是，連自己也無法再自欺欺人下去了。隔城找著了家二手書店，請求全權發落，換得了些許銀兩和不少店頭金，可充做未來買書的折抵，不管划不划算，都好過閒置書架沾惹塵埃，而且憑空多了一筆購書基金，週末夜沒事繞道二手書店晃蕩兼尋寶，也算小資家庭度小月時的零成本生活趣味。

　　二手書店位於山景城卡斯楚大街上，像香料店一樣，前腳還未跨進店，一股陳封舊書獨有的氣味，已忙不迭地恭候相迎，如果把世界粗分成喜新與愛舊兩種人，那我肯定屬於後者。隨機折痕、淡鉛筆勾勒的線條或潑墨汙漬，訴說著書本的人生故事，耀眼簇新是一種美，風華歷練卻更叫人回味。一進門，依慣例目不斜視地往飲膳書區前行，這翻那看，逛二手店少了必買的得失心，一切交由緣分來牽引，偶爾撿到寶，欣喜若狂；泰半空手而回，亦不覺失魂落魄，和慣常走街獵物汲營心態兩極迥異，甚好。

　　對封存時令好食的喜愛依舊熾烈如昔，此類書籍歸位的架上，總是梭巡得特別仔細。有新品上架呢！一邊嘟噥著，一邊將《全封存起來吧！》（PUT'EM UP）抽取下架，這書之前瞥見過專欄評價，口碑頗佳，但可惜的是，催情圖片付之闕如，而且真是連半個影兒也不見，搭配的插畫也非我所好，購買欲直線下降。瀏覽著目錄，在心裡提醒自己：別又犯了以貌取書的老毛病，就這當口，眼睛定格在自製葡萄乾這標題上，「太酷了！趕緊來看個究竟。」像貪嘴貓聞到沙丁魚罐頭，迫不及待翻到該頁次，摩拳擦掌準備偷師達人密招，萬萬沒想到，食譜指示寥寥數行便畫下句點，哪有什麼密技高招？全是我的一廂情願，充其量稱得上經驗提點的，就是低溫烘烤前，先以滾水汆燙，更加事半功倍，主旨在馴化葡萄皮，以利大幅縮短烤程，如此而已。不必高手廚娘，大約會燙青菜等級之廚功，全文逐行讀過一遍，應該就可勝任無誤。除了葡萄乾之外，書裡也羅列其他果乾製品的變化，比如美加地區過往曾經風靡一時的復古零嘴水果捲（fruit leather）。大約是受到果乾魂的牽引，這書最終跟著我回家定居了。

忍耐是痛苦的，結果卻甜美無比。

趁著欲望青鮮，隔日趕緊備妥有機無籽葡萄，照章炮製一批。六、七小時馬拉松低溫烤畢，捻起一枚淺嚐滋味，原來「新鮮」果乾是這等滋味，是這麼一回事。習於被加工食品業全面轟炸洗腦，讓我理所當然地在超市貨架上尋找葡萄乾身影，真空包裝是如此令人安心又天經地義，最不可思議的是，長年走廚的我，竟壓根兒沒想過自製水果乾。

彷彿為了一口氣彌補過往淺薄的緣分似的，好幾日，卯起勁來烤果乾。其中葡萄、蘋果和柿子各具特色，但又以抽離水氣，濃縮甜香的柿子乾最是驚豔，除了原味單烤，也可憑靈感添香加料。也嘗試做了水果捲，作法異曲同工，只不過將片薄水果的步驟，替換成打果泥，並以蜂蜜檸檬汁調酸甜滋味，草莓、蜜桃、榲桲、華倫梨（Warren Pear），就一一幻化成有點兒彈牙，卻又像練過瑜珈似的無骨，可溫柔捲起收放的風味水果捲。就技術層面來說，自製各式果乾實在沒啥可大書特書之處，一竅通竅竅通，條條大路通果乾。以烤箱最低溫，悠悠晃晃地慢慢驅散果肉暗藏的汁液，才能修成讓人嘗到甜頭便欲罷不能的正字果乾，廚娘備受考驗的，其實，是耐性。「忍耐是痛苦的，可其果實卻甜美無比。」（Patience is bitter but its fruit is sweet.）盧梭這麼說，以此於烤果乾時自我激勵，再適合不過。

原味裸食

硬柿 & 蘋果乾 分量約2杯

比起葡萄乾，水果片果乾就顯得輕而易舉，此方式適合質地偏脆硬的水果，記得別和我犯同樣錯誤，片得愈薄雖乾得快，但也毫無口感可言，有點薄又不會太薄最是完美，另外，除非你有忍者刀功身手，否則買一把便宜的片薄器（mandoline）很值回票價。

食材　數顆　富有硬柿或蘋果

作法

1. 水果洗淨，無需去核，以片薄器削成薄片，一一排放於舖上烘焙紙的烤盤。
2. 入烤箱，開啟最低溫（愈低愈佳），我的烤箱最低溫約 170 ˚F（76˚C），於烤箱門上卡一只木匙，有助降溫及空氣流通，烤約 2～3 小時或直到水果片脫水乾燥為止。

蜜桃 & 草莓水果甜皮捲 分量數捲

水果量產時,最適合製作水果甜皮捲,堪稱美味營養的點心零嘴,以下配方也可以其他水果,如芒果、覆盆子、西洋梨替代,原則上以肉質軟嫩者為佳,蘋果也行,但得先煮過軟化肉質再攪成泥,是否以香料加味則隨喜。

 食材

3 杯	有機蜜桃或草莓
適量	生蜂蜜(依水果甜度自行調整)
些許	新鮮檸檬汁(也可不加)

 作法

1. 水果洗淨去核或去蒂,放入果汁機內攪打成泥,加蜂蜜及檸檬汁調味。
2. 取 11×17 吋烤盤,底下鋪上 Silpat(不沾烘焙烤盤墊,也可以烘焙紙替代,但效果稍遜),將果泥倒入,以抹刀抹平表面,盡量讓果泥分鋪均勻。
3. 放入烤箱,開啟最低溫(愈低愈佳),我的烤箱最低溫約 170 ℉(76℃),於烤箱門上卡一只木匙,有助降溫及空氣流通,烤至果泥中間部分不黏手為止,約需數小時。
4. 出爐放涼後撕下,可捲起或切片,放入密封罐裡,依所在地區氣候溫濕度而定,約可存放數星期。

葡萄乾 分量視烤箱大小,自行拿捏

以投資報酬率來說,自製葡萄乾不算明智,可是若加上美味度、趣味和良好自我感覺,肯定是讓我三不五時就手癢想挽袖手作的零嘴。

 食材

數量不限	新鮮葡萄

作法

1. 取一深鍋注滿水,大火煮至沸騰。
2. 取一大攪拌盆注入清水,添入大量冰塊置旁備用。
3. 將洗淨葡萄放入滾水中速燙 1 分鐘,撈起,投入冰塊水中冰鎮。
4. 數分鐘後撈起葡萄,盡量擦乾水漬,以利烘乾。
5. 排放上烤盤,入烤箱,開啟最低溫(愈低愈佳),我的烤箱最低溫約 170 ℉(76℃),於烤箱門上卡一只木匙,有助降溫及空氣流通,烤約 5 ～ 8 小時。
6. 出爐放涼後,裝入密封罐裡,依所在地區氣候而定,約可存放數個月,若裝入罐裡一兩天後,瓶身有霧氣水漬出現,表示烤得不夠乾,再放入低溫烤箱裡加烤一下即可。

綁著必勝頭巾的 課後點心

對全職媽媽來說，自由，就是偷得浮生半日閒，想做啥就做啥，可以恣意妄為的 me time。而對我來說，me time 意謂著不受干擾地寫作、專心閱讀一本好書、實驗新食譜、和姊妹淘吱喳聚會、出門賞花散步，甚或只是無所事事地靜靜發呆，me time 像瑜珈課最後十分鐘的攤屍式大休息，是生活軌道上不可缺少的停頓再出發。

儘管我野心勃勃，但是一直到兒子學齡後，me time 情況才有突破性的進展，這一切要拜美國特有的 playdate 文化之賜。話說美國學校課下得早，如何填滿課後的空白，成為父母一大挑戰，課後輔導、球類運動、才藝學習等，收費不貲兼得往返接送，挺勞民傷財，最好有其他配套可交錯安排，playdate 便應運而起。讓玩得來的友伴，相互邀約到彼此家裡消磨放學時光，雖然還是必須有家長坐鎮，但至少不必親自下海彩衣娛子，投緣的孩子湊在一起，自然而然會自個兒找樂子，全不勞費心，大人唯二的重責大任，一是確保孩子安全無虞，不至突發奇想，捅漏子闖大禍；二是張羅點心，以備玩樂元氣透支時補充之需，略盡地主之誼。

「世界上還有比 playdate 更美妙的事兒嗎？」我邊想邊像賣牛奶的小女孩一樣，心花朵朵開地編織起取之不盡，用之不竭的 me time 美夢，而我，比賣牛奶的小女孩幸運一些，playdate 確實讓我的主婦生涯過得更有滋味，更是我得以持續筆耕不歇的大功臣。

　　幾年運作下來，我可說把 playdate 概念及利用價值發揮得淋漓盡致，泰半是因我的食髓知味，欲罷不能；另一半則歸功兒子小查頗得人緣，扣除足球隊訓練和數學營例行活動，如潮邀約像新年燦爛的煙火，將小查小學課後時光，妝點得繽紛多彩。playdate 初登場時正處幼稚園期，年紀尚稚，故以多元對象和隨機邀約方式試水溫，畢竟小朋友之間的相處，絕無矯情，全賴默契，英文叫 chemistry，不投緣，度時如年，相反則是時間再長也不嫌。永遠記得一回為了禮尚往來，安排新朋友多明尼克來訪，進門不到十分鐘便宣告，對小查所有玩具毫無興趣，接著伸手討糖果吃，然後又大剌剌指揮，要我領隊開車出門上 7-11 買思樂冰，那次 playdate 兩個小時，我起碼看了不下二十次錶。自此之後，Playdate 安排慢慢從隨機散客，演變成嚴選有默契者長期配合，父母樂見其成，且在各方面都配合完美的馬修、亞當和吉安娜，晉升小查小學時光 playdate 的固定班底。

小孩到底可以多偏食？

　　必須承認，可能的話，開發出長期固定班底，堪稱是 playdate 最事半功倍，大人小孩雙贏的終極進階。每隔一週，當小查輪到去同學家約會，我就得享一整天的 me time，輪到我作東那週，雖得在家守候，但手頭工作仍可持續進行，完全不受影響，小孩兒們總是各自帶開，在開了大洞的樹籬笆下，像愛麗絲夢遊仙境一樣鑽進鑽出；在後院角落，那枝幹壯碩的無花果樹爬上爬下；在前院小角落玩躲迷藏；甚至自個兒發明簡單卻老玩不膩的小遊戲，時不時，我會停下手邊的作業，在門後窗前探頭探腦，瞧他們玩啥花樣，聽著嘀嘀咕咕的童聲笑語，看著比夏陽還燦然的笑顏，在在都讓我打心裡感激有 playdate 這玩意兒存在。

　　出乎意料最不順遂的，竟是我原本老神在在的準備點心一環，原本打著拿這些小鬼當白老鼠的如意算盤，沒兩下子就給偏食王吉安娜給狠狠打敗，她扎扎實實地幫我上了「小孩到底可以多偏食」一堂震撼教育課，最經典且差點沒把我驚到下巴掉下來的例子是，我觀察到她愛吃義大利醃燻肉，有回特意準備一小盤舊金山名廚手工肉製品和些許起司充做點心，「這肉不像我媽在超市熟食區買的，每片都切得超薄的耶！」揚起秀氣可愛的臉龐，眨巴著又長又捲的睫毛，一臉無辜地對我說，還來不及做出反應，她接著仔細端詳起司之後又說：「這是啥起司？我沒吃過呢！」理所當然，我訕訕然地收起盤子，幸好家裡還剩一點湯種麵包，切了兩片，依據指定塗了厚厚一層奶油，她總算吃得眉開眼笑，宣布那是她一生吃過最美味的麵包。另外兩個 playdate 班底馬修和亞當，儘管不似吉安娜那般挑食，但也各有癖好習性，與其端出我自以為用心良苦的美味糕點卻被打回票，不如徹底投降投其所好，畢竟來者是客，至要緊的是，我的 me time 生殺大權可全數掌握在這些小傢伙手上啊！絕對怠慢不得。

原味裸食

萬人迷奶油起司甜餅乾 分量約25片

這款餅乾所需食材不過五樣，作法超簡單（雖然要調整到外酥內軟口感需要一點練習，我自己做到第三批才上手），現已成為我參加學校聚會或款待朋友下午茶的主力糕點了。

 食材

4 盎司（113 克）	奶油起司，室溫放軟
1／4 磅（約 113 克）	無鹽奶油切丁，室溫放軟
3／4 杯	二砂糖
1／2 小匙	細海鹽
1 杯	中筋麵粉

作法

1. 烤箱以 350 ℉（180℃）預熱，因我家烤箱偏熱，所以我的烤架放在比中間高一格的地方，請依各自烤箱脾性決定烤架位置。烤盤舖上烘焙紙備用。
2. 取一大攪拌盆放入奶油起司、奶油和二砂糖，以攪拌器高速攪拌至綿密，顏色趨淺白。接著放入海鹽和麵粉，攪拌均勻，不見粉料蹤跡即可，忌過度攪拌。
3. 取尖尖一大匙麵糰置於烤盤，稍微以湯匙抹平上方（無需過度整型），烤時麵糰會稍流動，故餅乾之間要預留 2 公分左右區間。大約可做 25 個餅乾，我通常分兩批烘烤。
4. 放入烤箱烤約 10～12 分鐘，邊緣點綴幾抹金黃色，底部亦呈淺褐色為止。

人人愛巧達起司魚餅乾 分量視模具大小可做60～80枚

魚兒造型的起司餅乾算是老少咸宜的鹹餅乾，點心時間的大台柱。張羅小魚兒造型餅乾模是關鍵，我是廢物利用家裡的紅豆泥罐頭，將豆泥移裝到玻璃瓶，清洗罐身後，以剪刀剪出一條長約 15 公分，寬約 1 至 1.5 公分的長條，再折出魚兒形狀，最後以膠帶將接頭處黏上。若不想太費工，用任何小餅乾模替代都成。

 食材

8 盎司（約 226 克）	巧達起司，刨絲
4 大匙（約 56 克）	奶油切丁
1 杯	中筋麵粉
3／4 小匙	細海鹽
2～3 大匙	冰水
少許	黑芝麻（加不加隨喜）

作法

1. 烤箱以 350 ℉（180℃）預熱，烤盤舖烘焙紙備用。
2. 將除了冰水以外的所有食材放入食物處理機，混拌至粗沙粒狀，分次以暫停鍵方式，一大匙一大匙加入冰水。
3. 取出所有起司麵糰，整成圓形，以保鮮膜包妥，放入冰箱冰鎮半小時以上。
4. 將麵糰置於乾淨工作台，擀平到約 0.3 至 0.5 公分厚薄，以餅乾模切割，一一排上烤盤，入爐烘烤約 10～15 分鐘，依切割餅乾大小而定，請自行判斷，最妥當的方式是烤 10 分鐘左右便開爐查看，再做決定是否續烤，又該續烤幾分鐘。
5. 喜歡的話，可以在魚頭處壓上一枚黑芝麻充作魚眼睛。

季節限定誘惑之　焦糖糖果

　　人生很多時候，知道自己的罩門何在，進而巧妙迴避，無疑是最佳明哲保身之道。
這也是為什麼，一直以來，我和焦糖糖果，走鋼索似的維持在相敬如賓的狀態。多年來，
總以各種諸如不想多添一柄單一廚房功能的製糖果溫度計、想像起來費工繁瑣得緊、需
得斤斤計較用在刀口上的時間，不宜蹉跎在製作糖果零食上等等，種種幾近怪誕的理由，
企圖滅火，守住決堤的最後一道防線。因我心知肚明，從小到大，被母親滴水不漏管制
著，市售零嘴甜品難近身，成年後自然而然對糖果無感的我，最抵不住的，就是焦糖系
風味甜點，其中，又以焦糖糖果為甚。

　　包裹在透明糖果紙裡，那一小方既柔軟又剛強的身子，包藏著石破天驚的芳醇，鮮
奶油的甜和糖粒滾滾熬煮後像低音大提琴般沉潛卻又穿透力十足的焦香，彷彿一對世上
神形最契合無間的舞伴，在味蕾唇舌間，大跳勾魂懾魄的華麗探戈，讓人只想沉淪耽溺，
但貪歡口欲的代價不低，輕則上癮，動不動就想重溫那和情人熱吻一樣讓人心神俱醉的
滋味，重則曲線走位，腹腰便便，代謝日趨遲緩的熟女，更要戒急用忍。我以連自己都
頗覺自豪的自制力，抑住習作焦糖糖果的欲望，僅在遊耍旅路上巧遇時，容許自己買一
顆淺嚐解欲，距離生美感，輔以節制的欲望，讓每一次與焦糖糖果的相遇，都像旅路上
短暫卻令人不住懷想的小豔遇。

　　在喫遍大街小巷、名店小坊各式焦糖糖果版本後,最念念不忘的,是紐約甜點廚師女友 Jessica,曾在某年聖誕節推出的四款成熟風味焦糖糖果,分別添加了法國鹽之花、啤酒椒鹽脆餅(beer pretzel)、薑餅和楓糖南瓜四種出奇不意,卻相得益彰的食材,加上鮮製急送,不論口感層次都硬是把過往品味經驗遠遠拋在後頭。不出所料,糖果全數在短時間淨空食畢,小長肥油還事小,最大後遺症是,把品味焦糖糖果的胃口給養大了,市面貨再難滿足。也罷,以後就專心期待 Jessica 的季節限定焦糖吧!我心想,雖然我是個熱愛挑戰的手作狂,可若買得到合意品項,好整以暇,全心期待品嚐那刻到來,也是一種日常幸福。萬沒想到,隔年傳來 Jessica 因個人因素得暫停甜點販售的服務,古有明訓:「由奢入儉難。」活脫脫是我的寫照,在這進退維谷的當口,也只能自立自強,披掛上陣了。

有點罪惡，卻絕對美妙。

市售焦糖糖果最令人詬病處，在於為降低熬煮糖漿結晶機率，總會添加俗又大碗的萬惡玉米糖漿，挽袖自製的好處，就在於可以不喜則換，找來成本高但風味更佳的英國經典 Golden Syrup 升級頂替，再張羅一枚糖果溫度計，就這麼半推半就地投向自製焦糖糖果的懷抱。確實是不難，關鍵在於避免結晶及在完美時刻熄火，前者有技巧可成功閃躲，後者就有些難捉摸，除了靠經驗，最萬無一失的當然是有支可靠的溫度計，無奈至今仍遍尋不著，好在焦糖這傢伙挺有彈性，熬煮不足，不是化身焦糖醬便是入口即化的軟糖果，一個不小心熬煮過頭，成了愈含愈滋味的硬頸糖果，也不算失敗。還有一個意料之外的附加價值，許你一屋子像要滲出蜜來的甜空氣，讓你還未嚐到糖果便意亂情迷。

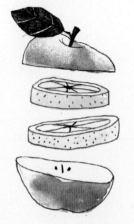

聖誕節前夕，冷冷冬夜裡，是最佳熬煮焦糖的季節，糖漿在爐火上噗嚕噗嚕滾煮著，耳聽 Susanne Vega 輕柔吟唱《Caramel》，我告訴自己：一年就限定沉淪這麼一回吧！只是不知怎的，內心有種預感，這罪惡又美麗的焦糖誘惑，不會就此善了。

原味裸食

小荳蔻焦糖糖果 分量約可製一口大小糖果 120 枚

如上文所言,焦糖軟硬度取決於熬煮時間長短,此配方若煮至約 225 °F(107℃)上下,便成具流動質地的焦糖醬,除了直接吃之外,還可搭配冰淇淋、淋上爆米花、抹吐司、沾水果片吃,就看個人巧思變化囉!

 食材

1 又 1／2 杯	golden syrup
2 杯	糖
1／2 小匙	細海鹽
2 杯	鮮奶油
35 顆	綠色小荳蔻,敲開外殼
3 大匙	無鹽奶油,切小塊,室溫放軟

作法

1 方形烤盤舖上鋁箔紙備用。

2 將鮮奶油和小荳蔻連殼帶籽混置小鍋內,小火煮至熱而不沸的狀態,蓋上鍋蓋,旨在保溫並將小荳蔻悶出香氣。

3 取一中型厚實深鍋,將糖、golden syrup 和海鹽混拌入鍋,中火邊煮邊攪拌,直到鍋緣處冒泡,用烤焙刷沾水沿著糖漿邊緣輕刷,確實讓所有鍋邊糖粒刷入糖漿,以防結晶,蓋上鍋蓋煮約 3 分鐘,掀蓋,再次以乾淨烤焙刷重覆之前輕刷動作,置入糖果溫度計,煮至糖漿達 305 °F(150℃)。

4 糖漿到達 305 °F時,先離火,放入 3 大匙室溫軟化奶油,再緩慢加入熱鮮奶油,混合物會冒氣爆滾,請小心動作。重新開火,以中火續煮至糖漿達約 257 ~ 265 °F（125 ~ 129℃,愈高溫糖果成品愈硬）。

5 將糖漿倒入備好的方形烤盤,放 6 個小時或隔夜,即可切割分裝。

6 焦糖醬的話,煮至約 225 °F（107℃）熄火即成。

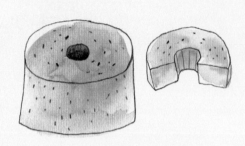

一喫成主顧之
戚風蛋糕

　　仔細想想，第一印象能夠改寫的，其實並不僅僅是職場面試或愛情競逐的結果，在某種程度上，第一印象之於日常生活感官享樂，也扮演著舉足輕重的角色，有時說是指引方向的明燈亦不為過。像我就因著對波士頓傲慢無禮的初訪印象，至今提不起勁再次前往；又如麥當勞登台不久，還享有時髦洋玩意兒光環時，一回心血來潮點了蘋果派來嚐，從此拒食將之打入冷宮，多年後，才因廚藝高手女友安妮莎的鮮烤熱派佐香草籽冰淇淋，還給蘋果派一個公道；再來是原本第一印象欠佳的藍黴起司，一直避之唯恐不及，直到有回參加麥克弗依橄欖莊園的豐收慶典，不慎誤嚐了一道以在地波音瑞司藍黴起司佐鮮梨片和蜂蜜的布切塔開胃小點，雖不至於自此全然傾心，至少已不再將藍黴起司視為天敵。也因此，我滿心感激，我的戚風蛋糕第一印象，是朝九晚五 OL 大轉行，成為接單烘焙個體戶，且經營得有聲有色的大學校友太陽餅（Sunnypie）賜與的。

　　自此之後，我雖熱烈戀上戚風蛋糕，可直到蛋糕入口前，內心全無期待，一向對戚風蛋糕有著無理由卻根深蒂固的誤解，讓我始終興趣缺缺。毫無心理準備咬將下去的第一口，直是當頭棒喝，哪裡是我自作聰明以為的類天使蛋糕口感？從來都以為自己偏愛馥郁濃芳如磅蛋糕之屬，敢情只是還未遇見真命蛋糕 Mr. Cake，戚風如雲朵鬆軟，似甜糕彈牙；輕盈亦不失腴滑，唇齒相遇，完美如觸電，自此陷入一泓無邊際的戚風柔情汪洋裡，無法自拔。像所有墜入情網的戀人，渴望更深刻了解對方的一切，查閱維基百科上的戚風蛋糕身世，再賞我一記悶棍，原來這美味不可方物的糕點，亦非我所以為來自日本，而是道地美國產物，不得不再次佩服日本人接手洋物，並將之發揚光大的好本事，可把我唬弄得團團轉。

散放清雅和風，實則出身好萊塢名門府邸。

有百年來唯一全新蛋糕配方之譽的戚風蛋糕，是由南加州白天任職保險經紀人，晚上兼差外燴廚師的哈利貝克（Harry Baker）所調配發明，甫推出便獲得好萊塢名流影星的喜愛，也順利進駐高檔餐廳獨家銷售。靠著戚風蛋糕，哈利從此吃香喝辣，更進而留名糕點青史，也稱得上是一則傳奇。據說業界大內高手絞盡腦汁，也硬是無法破解這棵搖錢樹的美味配方，一直到二十年後，哈利貝克決定將食譜賣給通用磨坊（General Mills）再賺一筆，之後在旗下貝蒂妙廚（Betty Crocker）授權下，透過《美化家園》（Better Homes and Gardens）雜誌，才將戚風那穠纖合度的祕密公諸於世。

倒是揭祕之後，戚風蛋糕僅只風光了一時，並未一舉躋身美國糕點界主流，想來其實不意外，美國大眾味蕾非重油甜不歡，而低脂低糖口味則有節食減重狂熱分子撐腰，相形之下，以蔬菜油取代奶油，走風雅中道路線的戚風蛋糕，兩邊皆不討喜。不打緊，在美國吃癟，到了亞洲東洋可以走路有風，揚眉吐氣。在我看來，戚風之美，該歸功於選用蔬菜油這神來一筆，較之奶油質地更輕靈，無視溫度迭盪起伏，永遠恆常液態，此點造就出出爐脫模數日，肌理可常保潤澤彈性，清雅恬淡的素脂替蛋糕鍍上一層恰到好處的滋養，此糕堪稱完美執行中庸之道的典範，或許這也是為什麼東方人似乎更能欣賞戚風的好。

欲望這回事，一旦被挑起，就是一條不歸路，摸清了戚風蛋糕的來路底細，自然沒有不親自動手試試的道理，更何況，SunnyPie 遠在天邊，解饞只能靠自己。外表看來一派優雅，感覺系出名門的戚風，比想像中親和，甚至可以稱得上無限乖巧，只要懂得順著毛摸。如果以衣衫來形容，戚風就像一件鐵灰開襟羊毛衫，單穿耐人尋味，搭點 bling bling 配飾也超吸睛，想走華麗風絕對全力配合，最重要的是，罕有荷包失血，腰線爆增之虞。每一個廚娘都該有一帖靠譜的戚風蛋糕食方子，我真心這麼認為。

原味裸食

基礎戚風蛋糕 分量約 8 或 9 吋

第一次做戚風，多少有點戒慎恐懼，有了經驗就知道，關鍵在打發蛋白的眉角，只要把握住，戚風可腴美，也可清雅，只要不太造次離譜，隨喜好增減食材，做風味上的微調，都不致踢鐵板。

5 顆	大型蛋（蛋黃與蛋白分開）
40 克	初榨橄欖油
80 克	全脂牛奶
1 小匙	自製香草精 食譜請見「家製廚房精華露」
125 克	低筋麵粉
40 克	糖（加入蛋黃）
80 克	糖（加入蛋白）
少許	細海鹽

作法

1. 烤箱以 320 ˚F（160℃）預熱。
2. 取一大攪拌盆放入蛋黃，加入 40 克糖，以電動攪拌器攪打至完全混合，蛋黃顏色略變淡。漸次加入橄欖油，分次加入，每次確認完全混合後再續添。倒入牛奶和香草精，混勻。
3. 一邊攪拌一邊加入過篩的麵粉和鹽，拌勻。
4. 將蛋白放入一乾淨無油無水的大攪拌盆，以電動攪拌器攪打至起粗泡，加入 80 克糖的 1／3，繼續打發，等糖全數與蛋白霜混合，底部打起來沒有沙沙聲，就可再放入 1／3，持續上述動作，直到此 80 克糖全數與蛋白融合。
5. 雖然不少食譜都指示打至硬性發泡，但我試做結果，覺得打至攪拌器向上舉起，攪拌棒上的蛋白尖端會微微自然下垂呈倒鉤狀，烤出的蛋糕質地較細緻，能夠在最佳打發狀態停手很重要，所以最好不時停機查看。
6. 將 1／3 蛋白霜放入蛋黃糊裡，以刮刀沿盆子邊緣畫圈手勢，將兩者混拌均勻，這個步驟可讓蛋糊體更輕盈，接下來較容易拌入剩下的蛋白霜，降低消泡率。
7. 將剩餘蛋白霜全數倒入蛋黃麵糊裡，同樣以刮刀沿盆子邊緣畫圈手勢，由下往上翻起底下麵糊，以切拌方式，混合蛋白霜，直到麵糊滑順，完全不見蛋白霜芳蹤為止。
8. 將混好的麵糊倒入九吋戚風烤盤，稍微抹平，入烤箱前，以烤模輕敲桌面兩次，趕走大氣泡。
9. 放入烤箱以 320 ˚F（160℃）烤 20 分鐘，再調高至 350 ˚F（180℃）烤 20～25 分鐘。
10. 出爐後輕敲烤盤並倒扣，完全放涼才能脫模。

【戚風蛋糕筆記】

1. 戚風蛋糕的基礎配方，蛋黃成分偏高，極適合拿來做生日蛋糕的 Layer Cake，若想製作可單獨品賞的風味戚風，可減蛋黃加蛋白（各 1 顆），再加少許糖（不超過 20 克），成品會更清爽。
2. 烤盤不抹油，蛋糕才能攀著烤盤圍牆往上爬，是讓我特別偏愛戚風的原因之一。
3. 常溫蛋白容易打發，將冷蛋泡在熱水裡，便可快速讓冰蛋升至常溫；不過冰蛋白打發的蛋白霜比較不易消泡，各有利弊。
4. 打蛋白的攪拌盆絕對要一乾二淨，無水無油。
5. 打發蛋白與蛋黃糊混合時，記得刮刀得由下往上翻拌，快速攪拌至兩者均勻混合，你儂我儂，才能倒入烤盤，否則容易漏餡。

抹茶紅豆 Crème Fraîche 蛋糕 分量約 8 或 9 吋

交稿前最後一次測試食譜，臨時起意以家裡食材製作了此生第一枚 layer cake，Crème Fraîche 奶油霜抹得離離落落，幸好有抹茶挺身而出轉移焦點，撇開賣相不說，這蛋糕風味真是好，Crème Fraîche 稍微以糖打發，取代鮮奶油，是滋味更上層樓的關鍵。

食材

1 個	上述九吋戚風蛋糕（此分量分兩層恰到好處）
250 克	日式紅豆泥
1／2 杯強	自製 Crème Fraîche 食譜請看「日常平價小奢華」
2～3 杯	自製 Crème Fraîche
3～4 大匙	糖
1～2 小匙	抹茶（matcha powder）

作法

1　取一段無味牙線繞蛋糕正中一圈幫助定位，再以鋸齒麵包刀沿著牙線將蛋糕切成等尺寸兩片，將上片拿起置一旁備用。
2　取一中碗，放入紅豆泥與 1／2 杯強的 Crème Fraîche，攪拌均勻。
3　取一中型攪拌盆，放入 Crème Fraîche 與糖，以攪拌器略為打發至光澤稍微凝固狀。
4　將紅豆 Crème Fraîche 泥均勻抹於蛋糕底的上方，再將上半片蛋糕蓋上。
5　用抹刀將打發 Crème Fraîche 抹於蛋糕外圍，享用前再以網篩篩落抹茶粉即可。

同場加映 抹茶紅豆、香蕉、紅茶、檸檬，隨興變化口味百食不膩

★ 欲製作此款抹茶紅豆 Crème Fraîche 蛋糕，可於基礎戚風配方加 2～3 大匙抹茶粉於蛋糕糊裡（和麵粉一起過篩），整體抹茶風味會更突顯。
★ 基礎戚風配方加一顆雞蛋蛋白，再加 50 克熟軟香蕉泥和 3 包紅茶包。
★ 基礎戚風配方加 3 顆有機檸檬皮絲和 1 小匙自製檸檬精華露（食譜請看「家製廚房精華露」）。
★ 基礎戚風配方加 3 包茉香綠茶茶包。
★ 基礎戚風配方加 25 克可可粉（和麵粉一起過篩）和 2～3 顆有機橘子皮絲。

單一食材之 偽霜淇淋

　　相熟的美國友人裡，數來算去，蘿拉強斯頓是唯一打從心裡喜愛在廚房裡磨蹭，享受揮鍋弄鏟樂趣的一位，其餘無分君子淑女皆走避庖廚猶恐不及。個頭嬌小，留著一頭爽利短髮，笑起來唇眼眉皆呈月牙彎彎的弧度，叫人看了打從心裡覺得親切熟稔，見面時永遠保持減一分過寒，增一分太炙的宜人溫暖。我常想，蘿拉真是我見過感覺最 Zen 的人，且是入世的那種禪定境界，恆常不疾不徐，言笑晏晏，無法想像她起怒生火的模樣，雖然如斯形容有點怪誕，但我想蘿拉肯定是病人最樂於相見的醫生。

　　一直到很後來，才知曉蘿拉任職史丹佛大學附設醫院，專精骨髓移植，誰叫我們一有機會見面，話題總不脫食潮、食材和食譜，總是繞著食的話題軌道在打轉。去年除夕，她邀我們一家齊聚倒數，雖然酒足飯飽之際，從紐約、明尼蘇達（強斯頓夫妻倆的故鄉）、卡加立（另一半的故鄉）到舊金山的新年，一路順著時差擊杯歡慶儀式噱頭十足，可蘿拉親烤的蘋果派佐家製香草冰淇淋，在我看來，也十足搶戲，絕對是亮點。

　　「妳試過自製冰淇淋嗎？」晚膳後，蘿拉取出機絲配備，打算調製香草冰淇淋時這麼問，我搖搖頭，老實招出我對於添購冰淇淋機的掙扎。「占一點空間是事實。」她利落地將預先備妥的奶餡料倒入機器裡，彈指按下開關，攪拌棒便像呼拉圈一樣，以著自己的節奏款擺起來。我和蘿拉倚在流理台，繼續聊不完的食經，從宅配到府鮮蔬、核果子品賞宴、掛保證奶油瓜餐包、五分鐘免揉歐包和我的終極派皮配方。「看我們都還在聊呢！冰淇淋就已經悄悄完成。」蘿拉眼一瞄，目測後如是宣布：「其實啊！這小傢伙很平價，操作簡單，三兩下就可以做出料好實在又味美的家製冰淇淋，一年出動幾次，還是會值回票價的。」沒料到，蘿拉不僅醫術高超，也賣得一口好冰淇淋機耶！但最動人曼妙的詞藻，都難敵直擊心深處的滋味力量，即便是蘿拉謙稱非以最講究食料調製而成的香草冰淇淋，仍一舉將超市雪櫃裡琳瑯選項一一大滿貫擊倒。我想，是新鮮與超有愛的調味，讓家製冰淇淋變得不凡吧！絕對是。

無奶、低脂、無蛋、無糖，不可方物的香蕉霜淇淋。

我這牆頭草，又開始動搖了。一直以來，之所以能夠挺得住冰淇淋的攻勢，主因在於，我非冰品重度上癮者（家中其他一大一小卻是），偶爾進到舊金山城，繞經最愛的 Bi-Rite Creamery 或 Humphry Slocombe，來上一球解癮也夠了；其次便是，我的錦囊妙袋裡有著以假亂真冰淇淋替代法寶，是專用來對付螞蟻投胎轉世的家中另三分之二冰淇淋擁護者。這堪稱史上最高明的發現，非我創意，可惜來源不可考，此神奇法寶，噹噹噹！香蕉是也，正確來說是，新鮮香蕉折小段，冷凍而成的香蕉丁塊，只要將所需分量放入食物處理機裡，轟隆隆地攪打一番，約莫分個神到園圃裡澆花的光景，無奶、低脂、無蛋、無糖、不加熱，兼具綿密軟滑不可方物的霜淇淋便亮麗現身。是的，就這麼簡單，而香氣風味如謙沖君子的香蕉，許你宇宙般遼闊，可與其他香草、四季果物或調料食品配對的自由，甚至連添加分量都無需太斤斤計較，因香蕉總是竭盡所能地納容所有天馬行空的創意。在果物界裡，也唯有香蕉擁有這款變身超能力，排第二的芒果，冷凍攪打效果仍遠遠不及香蕉，據《現代派料理》（Modernist Cuisine）作者 Nathan Myhrvold 表示，關鍵在於香蕉裡蘊藏的豐沛果膠，透過高速攪打，果膠大軍開始結夥串連，遂而成就出類似霜淇淋的口感。

當然，偽霜淇淋依舊不是正牌，也無法取而代之，但最終我以為，香蕉偽霜淇淋最讓人心服口服之處在於，入口之際，即使心知肚明非正宗乳製冰淇淋，味蕾還是情不自禁地，以不同的方式被取悅了。最吊詭的是，化身霜淇淋，讓自小食香蕉長大，數十年嚐來內心早已一派靜定，波瀾不興的我，開始在心湖泛起或大或小的陣陣漣漪。買冰淇淋機！？嗯，我想應該可以再緩緩。

原味裸食

冷凍香蕉之偽霜淇淋 分量隨喜

冷凍香蕉保存期限可以半年至一年計，唯要注意，散放烤盤個別冷凍完成的香蕉段，最好在第一時間以保鮮膜或袋子層層包妥，長期曝露於凍箱將導致變色凍傷，賣相風味皆受損。若不希望香蕉味太濃郁，可選擇在未全熟之際冷凍起來。凍箱長保此物，一年四季霜淇淋犯癮時，就不愁沒得解饞。

 食材　數根　　　　香蕉，去皮折小段 100 克

 作法　1　將折好的香蕉段置於烤盤，放入凍箱冷凍，完成時若非即刻享用，記得妥善密實包裹封存，以防變色變味。

　　　　　2　享用前取出，放入食物處理機裡攪打，大約數分鐘，即可達綿密狀態，此時便可依喜好加入調味食材。

同場加映 這樣搭也好吃

可依喜好自行加入各式食材，搭配霜淇淋食用，以下是我試過還不錯的搭配。

★花生醬＋蜂蜜
★花生醬＋可可粉＋二砂糖
★新鮮薄荷＋蜂蜜＋苦甜巧克力豆＋少許自製薄荷精華露 食譜請見「家製廚房精華露」
★自製杏仁抹醬（食譜請見「堅果及其變奏」）＋椰子油＋少許椰奶（請見「廚櫃常備食材」）＋少許椰絲
★新鮮藍莓＋檸檬皮絲＋二砂糖
★新鮮草莓丁＋蜂蜜
★自製 Nutella（食譜請見「堅果及其變奏」）
★自製 Nutella ＋自製奶酥（食譜請見「日常平價小奢華」）
★肉桂粉＋自製奶酥（食譜請見「日常平價小奢華」）
★新鮮芒果丁＋椰絲

冰淇淋餅乾甜筒 分量約 6〜8 個

這配方烤出來類似杏仁瓦片質地，單吃也讓人一片接一片，所以不必侷限於冰淇淋甜筒的天命，隨時想來點小甜點，5 分鐘內即攪拌完成，10 分鐘可香酥出爐的甜筒配方，是最理想的選擇。除了原味，也可以灑上芝麻，杏仁等，進一步做變化。

 食材

2 顆	大型雞蛋蛋白
約 75〜80 克	糖
1／2 小匙	自製香草精 食譜請見「家製廚房精華露」
1 小撮	細海鹽
2／3 杯	中筋麵粉
2 大匙（約 28 克）	奶油融化

作法

1　烤箱以 350 ˚F（180℃）預熱，烤架置中。

2　取一小攪拌盆，放入蛋白、糖和香草精拌勻。續入鹽、一半分量的麵粉和融化奶油，拌勻。再以手動攪拌器攪打入剩餘麵粉，直到麵糊滑順。

3　取一烤盤上舖 silpat 或烘焙紙，舀大約 2〜3 大匙麵糊於烘焙紙上，再用湯匙或刮刀將麵糊推整成直徑約 15 公分的圓形，推得愈薄，愈容易整成甜筒形，依此方式處理完所有麵糊，記得每個甜筒間預留 2 公分間隔，甜筒約烤 6〜8 分鐘，直到餅乾上沾染大小不等金黃色塊。若只是純粹烤成餅乾吃，就不必推整得太大，烤的時間也可略縮短。

4　出爐後，速以平底煎匙盛起一塊餅乾，趁身子還軟的時候，以冰淇淋甜筒模子壓捲成筒形，記得底部也要壓緊收口，若沒有甜筒模，可取一底部大小適中的杯子，置於甜筒餅乾上，快速用手依著杯子形狀，將餅乾整成波浪杯子造型。如果尚未處理完，餅乾已轉硬，只要再放回烤箱內加熱一下即可回軟。

5　剛出爐餅乾頗燙手，要小心，若想整型成冰淇淋杯子或甜筒，建議一次烤三個，整型完再烤下一批，比較從容。

不憂鬱的英式癒療

　　根據英國心理學家阿諾爾以公式計算，綜合節慶氣氛遠颺、跨年立下新志向逐一破功、過節失控刷卡帳單一湧而出，加上天寒日稀等現實狀況，每年一月第三個週一榮登全年憂鬱星期一之最。一如星座運勢預測僅供參考，注定是憂鬱如濃霧籠罩的日子，在世上某些角落仍不乏受晴陽朗日的眷顧加持，託英國廚師 Yotam Ottolenghi 新開張網購門市之福，一小箱從英國倫敦快遞而來的食材好料，驅走了幾乎降臨的藍色憂鬱。

　　Ottolenghi 是英國飲食界裡，我的最新迷戀，這位生於耶路撒冷，擁有比較文學碩士學位，上了半年法國藍帶餐飲學院便出師的名廚，正以鯨吞蠶食之姿，挺占英倫餐飲市場。他的成長背景、學識底蘊及行跡歷練，賦予料理一種謎樣難以輕易貼上標籤的氣質，說是大地中海菜風範嘛，卻又赫然在普羅旺斯菜色裡發現東方醬油。「陽光且風味剽悍，是我的料理共同點及特色。」接受紐約時報採訪時，他這麼表示，的確，其揮灑香料的身手，簡直比金庸筆下男主角的武功更加了得。但讓我真正懾服，是在閱讀他的食譜書《豐饒多滋》（Plenty）之後，生平第一次覺得，蔬食素料竟可以如此性感！沒錯，就是性感兩字，讓人食欲大起，氣血湧動，道道都想生吞活剝下肚。從來就認為，把葷料打理得無懈可擊是硬本事，但本身非素食主義，卻立志把不甚討喜的食材，塑形整治到色味俱佳的廚師，絕對是高手中的高手。也因此，在第一時間發現 Ottolenghi 的線上生意開張，我暫時擱置「食物哩程」的罪惡感，對越洋運費亦是睜隻眼閉隻眼，在理智有機會出聲警告前，迅捷按下送出鍵下單。

　　彷彿天意，下訂的好料於年度最憂鬱星期一飛抵，開箱把玩檢視，傻笑都來不及呢！哪有美國時間憂鬱。冷凍乾燥卻色豔若桃李的草莓片和覆盆子各一袋、一瓶散發著Ottolenghi 風的特調埃及堅果種籽調味料碎（可說是埃及版的 Furikake）、一瓶暗香浮動的伊朗乾燥玫瑰花瓣和一瓶因灣區食材難尋而不易自製的杏桃百香果果醬。店裡架上允入美國境內品項有限，否則恐怕荷包將失血成河。至於如何運用這些精品食材，在賞味期限內有的是時間從長計議，唯獨期待甚殷的果醬，心中早有定見，預謀著和想望已久的英式瑪芬配對演出，其實上好果醬就像高姚美女穿啥都正點一樣，烤吐司、希臘優格或司康餅無一不搭，但偏麵包系質樸口感的英式瑪芬與果醬並肩攜手，更有一種獨特的、剛柔並濟的美感。

　　英式瑪芬雖然也叫瑪芬（muffin），但和美式偏蛋糕口感的瑪芬，是截然不同的產物，口感獨特，製作方法上，亦像烘焙界裡的獨行俠，需以酵母發麵，但比麵包少一次發酵程序，傳統是以平底煎鍋在爐火上慢慢火炙完熟，簡單直截不拐彎抹角，一如其風味質地。需要提醒的反而是食用時機及方式：可能的話，切記現烤鮮食，賞味期限極短是其缺點，其次，忌諱大喇喇以刀切塗抹。1724 年 Hannah Glasse 在《The Art of Cookery Made Plain and Easy》描述品味英式瑪芬的理想方法：「以手拿叉小心輕掰開，放上適量奶油再闔起，置於烤箱或溫熱處片刻後翻面，便可確保瑪芬兩面內裡均勻流淌著融化奶油。」旨在完整保留英式瑪芬與眾不同的蜂巢孔洞，畢竟少了坑坑洞洞，上頭的奶油和果醬又該何去何從？概念是如此無誤，我覺得將其掰開後，於烤箱略烤再上奶油，風味更佳。

　　趁著英式瑪芬在爐火上炙烤的空檔，取出食物廚櫃那發跡於倫敦，今日鼎立於紐約布魯克林新茶牌 Bellocq 出品的三十五號伯爵茶，配上私愛英式茶具，重溫展讀伊莉莎白大衛的《地中海風味料理》，舀幾匙 Ottolenghi 的杏桃百香果醬於小碟上，萬事俱備，等著英式瑪芬出爐，穿越時空的英式身心癒療之旅便可啟程。在炙烤的麵香中，我彷彿瞥見憂鬱夾著尾巴倉惶逃離的背影。

原味裸食

英式瑪芬 分量約 8 個

在跳蚤市場買到幾枚英式瑪芬烤環，像大型的圓形餅乾模，有的話當然最好，沒有這小機絲也不打緊，頂多是造型稍微不那麼完美，本應向上抽長的麵糰，可能會變成橫向發展，但應該無礙其好風味，大可放心。

 食材

8 盎司（約 227 毫升）	微溫低脂鮮奶
14 克	二砂糖
2 克	細海鹽
14 克	葡萄籽油（或其他中性風味油脂）
7 克	酵母
1 小撮	糖
2.7 盎司（約 76 毫升）	溫水
250 克	中筋麵粉

作法

1　取一大攪拌盆，放入前 4 項食材混合，攪拌直到糖全數溶解。

2　將第 5～7 項食材放入小攪拌盆，靜置 5 分鐘，等酵母稍溶解。

3　將步驟 2 加入步驟 1 裡，混勻。

4　將中筋麵粉混拌入步驟 3，蓋上蓋子，置於溫暖處約 30 分鐘到 1 小時。

5　取一平底鍋中小火加熱，若使用瑪芬烤環的話，同時於平底鍋底與烤環內側塗上薄油。

6　將烤環置於平底鍋裡，倒進約 2／3 滿的麵糊，中小火加熱 5～6 分鐘，以煎匙翻面，同樣炙烤 5～6 分鐘，直到兩面呈金黃色澤，記得隨時視情況調整火力，以免外頭焦了，裡頭還未熟透。

7　將瑪芬連同烤環一起移到網架上再脫模，待瑪芬涼透再食用。

班尼迪克蛋 - Egg Benedict 分量 4 人份

都已自製英式瑪芬了，無論如何也得來份身心皆「滋養」的 Egg Benedict，另外不妨提前以生蜂蜜、檸檬汁和季節水果，預做一份水果沙拉冰鎮起來，屆時再泡壺咖啡，就是人生無敵幸福的美味早午餐。

 食材

2 個	自製英式瑪芬，剝開備用
4 顆	蛋
4 片	加拿大火腿
適量	白醋
適量	鹽和現磨黑胡椒
些許	蝦夷蔥碎末或巴西利

荷蘭醬

2 顆	蛋黃
1／2 大匙	新鮮檸檬汁
1／4 杯（4 大匙約 56 克）	奶油，融化備用
些許	細海鹽
些許	紅辣椒粉（cayenne），可放可不放

作法

1. 先製作荷蘭醬，取一小湯鍋加五分滿水加熱至冒煙。將蛋黃放入中型攪拌盆，加入檸檬汁，以打蛋器急速攪拌，使其變得輕盈滑順。將打蛋黃的攪拌盆置於湯鍋上，以隔水加熱方式，一邊倒入融化奶油，一邊快速攪拌使兩者完全融合，醬汁變得濃稠。完成時再以海鹽和紅辣椒粉調味，將製好的荷蘭醬放在溫熱處備用。

2. 再來製作水波蛋，取一淺湯鍋放入四分滿水，煮至滾，轉中火，讓水維持於小滾狀態，放幾滴白醋於滾水裡，拿一淺底圓碟，打入雞蛋，再慢慢將蛋滑入滾水中。煮大約 3～4 分鐘即可撈起。以同樣方式處理所有雞蛋。

3. 取一平底煎鍋加熱，下一點油，將加拿大培根煎至兩面金黃。

4. 將英式瑪芬切面朝上，排放於烤盤，以上火炙烤功能（broil）略烤一下。

5. 取一好看餐盤，放上英式瑪芬，鋪上加拿大培根，再放上水波蛋，灑點海鹽和黑胡椒，淋上荷蘭醬汁，最後灑上香草即可趁熱享用。

第三篇

回憶加料的感動美味

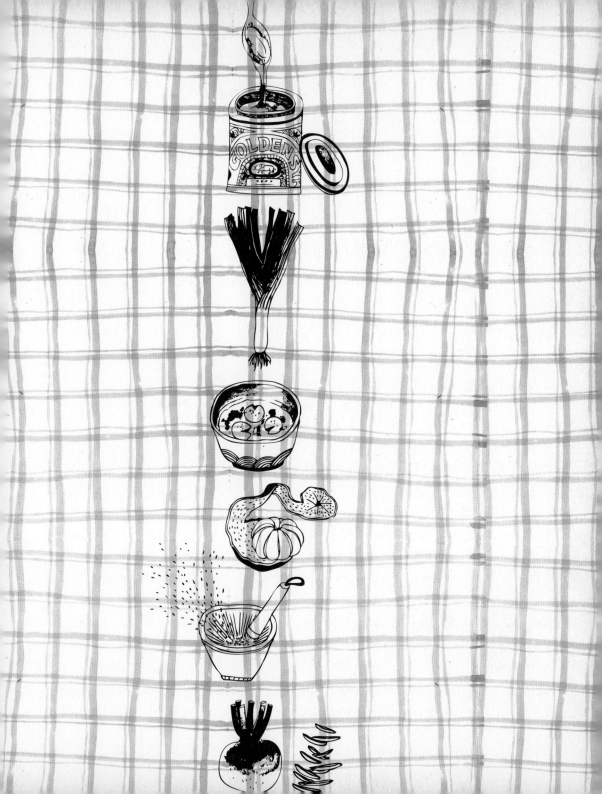

貫穿生命長河的　清粥小菜

　　一時之間，不知從何下筆，關於清粥小菜的記憶，像澡缸裡的泡泡一樣，爭先恐後地冒出來，從稚幼到不惑，簡直是生命裡最靜定安穩的存在。我在想，如果生命是一條長河，那麼餐桌上恆常出現的清粥小菜風景，就是那條貫穿歲時風月的悠悠細流，換句話說，若把回憶匣子裡有關清粥小菜的所有關聯一股腦刪去，那麼我的人生大約就會落得像一幅殘缺處處，永遠拼不完整的拼圖吧！

　　第一個領我走進清粥小菜有滋有味小宇宙的人，自是我那比全年無休的小七更加讓人信賴，日日如常總在家人起床前，備妥熱氣蒸騰鮮煮白粥配上幾碟小菜元氣早餐的媽媽，道道以正直食材變化出的家常菜，肯定有炒時蔬，少不了一點鹹醃菜和酸漬菜，再來一道怎麼做都討喜的蛋料理，偶爾，會出現和傳統市場裡相熟店舖秤買回來的豬肉鬆，隨四季輪轉變化，唯一不變的是母愛的調味，直到我北上念大學，清粥小菜一直是我迎接每一天的忠實美味開場，如斯溫柔不斷的餵養。

　　潛意識裡，清粥小菜於我，已不僅僅是飽腹佳糧，差不多已經和母愛劃上等號了，想來，這也是為什麼，成年離家之後，特別是逢低潮落寞愁悶時，就一逕地想投入清粥小菜的懷抱，耍賴撒嬌，尋求慰藉，好比獨居在外，思鄉心切的時候，入得喉來的稠稠潺潺米粥，宛如頂級印度開絲米爾衫伏貼地圍擁著我；職場失意喪志的時候，一桌樸實無華的白粥佐小菜，足夠為心神注入振作出發的力量；為著截稿焚膏繼晷，氣虛力乏時，只要轉角巷口小店的清簡粥菜下肚，立時又是生龍活虎；而身受風寒病痛所苦時，沒有什麼比薑絲熱粥配醃蘿蔔、豆腐乳，更有千軍萬馬的癒療能量。

從未求證史料研究，卻打從心裡一直深信不移清粥小菜對身心靈的正向撫慰效果，那日閱讀《淡。究味：日本禪寺典座的精進料理》一書，其一章節裡提到佛教戒律集《僧祇律》裡明示，粥有色、利、壽、樂、辯才無礙、除宿便、除風邪、消飢、解渴及大小便順暢等十利，白粥或鹹稀飯皆具上述功德力。聽來神奇又神氣呢！姑且不論有幾分真，食粥有益此結論，確實無庸置疑。倒是我邊讀著，心裡邊嘀咕：「就算沒了這十利的加持，我對粥的愛也是今生不渝，直至海枯石爛了。」

母愛滋味，讓天天都是食粥天。

哦！不，正確一點的說法是，我對「清粥小菜」的愛今生不渝，直至海枯石爛。這世上食粥民族何其多，日韓港澳，甚至印度都各自有食粥民情史，視之為食療專屬藥粥不少，更多的是細火慢熬後，添香加料，入山珍下海味而成，一碗裡自有其大千滋味，如虱目魚粥、皮蛋瘦肉粥、艇仔粥、海鮮廣東粥、薑絲雞肉粥、芋頭瘦肉粥等各式鹹粥，這款自給自足，獨享專食的粥品我自然也喜歡，但我心目中獨一無二，食他千遍也不厭倦的，始終是台式清粥小菜。由媽媽傳承下來對粥的專情，彷彿也有感染力似的，一舉征服了我家的外來味蕾。「今天好適合吃粥啊！」每每我對另一半說今晚來吃清粥小菜時，幾乎毫無例外地，他總這麼回答我。天天都是食粥天，可不是只有台灣人才這麼想呢！

不消說，我把對清粥小菜的熱愛，一起託運到美國，在異地繼續打造餐桌上的清粥小菜風景，加州產的日本米有水平，白粥作法沒法子像廣東人那般講究，謹遵媽媽輕柔洗米，至少浸泡半個小時以上的要訣，米水比例則是二阿姨傳授的一比七，文火慢熬，偶爾攪拌，大抵可煮就出嚐來順潤滑口的米粥，配菜受限此地時蔬品種，只能妥協再妥協，必備的醃漬菜良伴，想當然尋不到理想佳作，當真想食得緊，便搜讀食譜自個兒研製吧！有著千般萬般好的清粥，難能可貴的好是，不必講求地道，沒有原則規範，豐儉更是自在由人，總之，只要有鍋像樣的粥，配什麼菜都圓滿。

原味裸食

肉鬆 分量約 2～3 杯

吃粥怎能三不五時配肉鬆呢？市售品項令人疑慮，幸好摸索出自製之道，雖然口感猶不及上好手工市售品，不過，八成美味加上兩成的成就感，也算完美了。除了單吃，也可加入海苔絲、煸香芝麻，又是另種風味。

食材	2 磅（約 1 公斤）	豬肉，順紋切大塊。 選最便宜的部位，比較經濟實惠，也不浪費好肉。
	數片	老薑
	少許	米酒
	2 又 1／2 杯	水
	約 1 杯	醬油
	約 2／3 杯	糖
	近 1 小匙	細海鹽
	1 顆	八角

作法

1. 取高湯鍋注入七分滿水，煮至沸，放入薑片和米酒，再下豬肉塊，煮至肉熟透，撈起放涼。
2. 將放涼豬肉塊剝成粗絲，不細不粗，較容易滷入味。
3. 取一燉鍋，加入水、醬油、糖、海鹽和八角，煮至滾，放入豬肉粗絲，轉小火，以半滷半浸的方式，煮至豬肉絲入味。滷汁調味原則是嚐起來要感覺到幾乎太甜太鹹，因為滷好的豬肉絲再經烤炙，味道會轉淡，所以得預留空間，建議大家邊做邊試味。
4. 撈起滷入味的豬肉絲，以食物處理機的麵糰攪拌棒（身短塑料材質）攪打成細絲。
5. 以約 285°F（140℃）預熱烤箱。
6. 將肉絲倒於舖上烘焙紙的烤盤，盡量攤平不堆疊，有利烤勻，入烤箱烤數小時，直到汁水收乾為止，期間最好不時查看攪拌，以防烤焦。

鹹鴨蛋 分量約 8～10 顆

配送牛奶的小商號也賣聖荷西小農場來的有機鴨蛋，拿到好食材，當然要把它變成最愛的食饌囉！以鹽水比例 1：4 浸泡出來的鹹鴨蛋，蛋黃油滋亮麗，在異鄉嚐來更是加倍過癮。

食材	4 杯	水
	1 杯	海鹽
	8～10 顆	有機鴨蛋，洗淨

作法

1. 取中型湯鍋，入水及海鹽，煮至水滾，輔以攪拌使完全融解，熄火放涼。
2. 取一容器放入洗淨鴨蛋，注入鹽水，使之淹沒鴨蛋（可能要置入一個小碟子，以確保鴨蛋不會淘氣地浮上來），密封上蓋，放陰涼處浸潤 21 天即可開瓶試味，時間愈長，鴨蛋愈鹹。

韓式小黃瓜 分量約 1 杯

在灣區女友婷家試到這味小黃瓜，醬色外表，風味神似市售醬瓜，唯介於生熟之間的口感，洩露了家製手作的祕密，和清粥真是天地絕配。

1 杯	小黃瓜（去籽拍成丁段）
1／2 杯	醬油
1／2 杯	醋
1／4 杯	水
4～5 大匙	二砂糖（邊加邊試味）
少許	辣椒（加不加隨喜）

1　將除小黃瓜外的所有材料放入鍋中煮沸，熄火，攪拌至糖全數融解。
2　將小黃瓜丁塊放入乾淨玻璃瓶，注入仍然熱燙的醃汁，略搖一搖，上蓋放入冰箱，12 小時後可食。

韓國泡菜 分量約 2 杯

我喜歡鹹味主導的泡菜，所以韓式作法較得我心，真正的韓國泡菜十分費工，加入生猛海鮮提味稀鬆平常，找到這個以魚露取代的配方，執行度和簡易度都大大提高，風味也很正點，我想「搞剛版」就留給品牌店家去發落，我和折衷版相互取暖，也夠滿足的了。

1.5 磅（約 670 克）	大白菜，切小段
3 大匙	細海鹽
1 小匙	蒜碎（喜歡可多加）
1～2 大匙	鮮薑泥
2 大匙	魚露
1 小匙	糖
1 大匙	紅辣椒碎（chili pepper flakes），韓國製尤佳
5 根	青蔥，取綠段切蔥花
1 顆	小洋蔥切薄絲

1　以鹽略醃大白菜，約 1 小時，其間偶爾翻攪一下。
2　擠壓醃過的大白菜，使其釋出水分，再以清水略沖去鹽分，置於篩網濾水氣至少 20 分鐘。
3　混合蒜碎、薑泥、魚露和糖，拌勻成泥狀，再加入紅辣椒碎，靜置約 20 分鐘使其入味。
4　取一大攪拌盆，放入白菜、洋蔥、蔥花和步驟 3 裡的調味醬，混拌均勻。
5　取一消毒洗淨玻璃瓶，分次將拌好的白菜緊緊壓入瓶裡，以 1／4 杯水略沖攪拌盆，倒入泡菜瓶裡，旋上瓶蓋，底下建議放個湯盤，以防發酵湯汁溢滲，置於室溫約 3 天，每天可察看試味，賞析變化。
6　3 天後便可移置冰箱，發酵會以較緩慢的速度持續進行，經驗上大約 7 天後的味道最棒。

日式海苔醬 分量約 1／4 杯

受日本教育的老爸，生前喜以海苔醬配清粥，小時對此無所感，長大反倒懷念了起來，簡單
食材便可自製，可不是一大福音？

10 片	大張海苔片（約 30×25 公分）
1 小截	薑，去皮磨泥
6 大匙	清酒
1／2 杯	醬油
1～2 大匙	糖
適量	水

作法

1　將海苔片撕成碎片，取一小鍋，將所有食材放入，中大火煮至滾後轉文火，煮至收汁，
　　海苔粉身碎骨成泥醬，若覺得太鹹或尚未煮入味即無湯水，可適量加點水，記得時不
　　時探視攪拌。

醃嫩薑 分量約 1 杯

在住家方圓新開張的社區市場喜見嫩薑芳蹤，買了一大袋回家，製成媽媽拿手麻油涼拌新薑
外，決定將剩餘醃漬起來，延長賞味期限，這款醃嫩薑的風味近似壽司的好搭檔，配粥、下
飯都很理想。

半磅（約 223 克）	嫩薑去皮切薄片
200 毫升	醋
80 克	二砂糖
1 大匙	蜂蜜
半小匙	海鹽

1　將切成薄片的嫩薑以鹽略醃。

2　醃鹽的同時，取一鍋放入醋、糖和蜂蜜，煮至滾，以文火滾煮約 3～5 分鐘；取另一
　　湯鍋放入七分滿水，亦煮至滾後，放入鹽醃過的嫩薑小煮一下，略去辛辣。

3　撈起嫩薑放入消毒乾淨的玻璃瓶，再注入滾煮過的糖醋醃汁，上蓋旋緊，置冰箱約 3、4 天
　　後可以開瓶享用。

烏龍麵 的 happy ending!

　　說起烏龍麵，就不禁想起村上春樹在《邊境。近境》裡的那篇「讚歧。超深度烏龍麵紀行」。世人總極力頌讚推崇其小說，但我卻與他的散文遊記加倍對頻，小說挑時辰心境，不搭軋時左眼入右眼出；散文不然，隨時皆可穿堂入室，走進村上以生活事物為經，個人觀點為緯，所構築而成的細瑣碎念文字國度。雖然，興起自製烏龍麵的念頭，非因村上文字而萌芽抽綠，但他在文裡所描繪的香川縣讚歧烏龍麵風景，確實成功地扮演著對美味烏龍麵心生饗往並追尋的完美鋪陳。

　　暫時是去不了村上春樹口中所謂 deep 中最 deep，位於農田正中央的中村烏龍麵店，不過，倒是把店主所說：「麵得兩腳踏過再揉，不這樣就不美味了嘛！」這話深深印刻入心，猶記腦海飄過幾片「果真如此嗎」的狐疑雲朵，無論那是何等滋味，我唯一肯定的是，絕對和我在超市指定購買的冷凍烏龍麵條口感天差地別，儘管包裝上印著醒目的讚歧大字。敢情我和烏龍麵的緣分並不淺，數年後，在日本居家女王 Harumi 的英文食譜書上，乍見家製烏龍麵食譜，那感覺就像在舊金山街頭，猝不及防地與交情匪淺的小學同窗打個正照面，結局自然是找間順眼的咖啡館，好整以暇敘舊情說近況。

　　的確是以腳踩踏無誤呢！Harumi 的食譜裡也是如此傳授，含水量少到近乎小器的烏龍麵麵糰，硬要逞強以手揉就，恐怕只會落得隔日拜訪推拿師傅的下場，但若以為派出高瓦數攪拌機出場壓鎮就搞定，只能說若夠幸運沒因此操壞送了小命，大概也是沒兩下便氣喘如牛，除了借助全身力道以腳踩踏為麵糰按摩，別無他法，而這也是成就入口麵條 Q 彈爽滑，咬勁十足的關鍵點。不過，以上頭頭是道，全屬後見之明，因在下自製烏龍初試身手，以慘敗結局收場，麵糰硬得足以斷牙裂齒，硬頸也就罷，還加上一副執拗牛脾氣，擀開一分回縮兩吋，搞得我氣急敗壞，麵糰卻依然故我不為所動，僵持好一陣子，我先豎白旗，只想速速結束這場夢魘，馬虎隨便擀切一陣，便下水滾煮，撈起一坨坨形似粉筆之柱狀物，那敢情是米其林三星級高湯也救不回來的終極悲劇，即便家人勉為其難地捧場，不意外，半數以上進了廚餘桶。對自製烏龍麵的幻想破滅，重新回到與冷凍包搏感情的老路子。

慢工出細活，用在製作烏龍麵條也通。

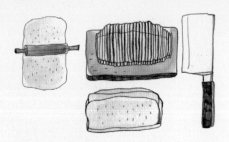

　　一如被情人莫名辜負，心有未甘的我，不斷自問：「到底是哪裡做錯了？」答案就在我歡喜貪婪地翻看著近期出版，由一位史丹佛畢業後，預計赴日遊學一年，卻因為愛上農家出身另一半，而決定長居上川鄉間的 Nancy Singleton Hachisu 所著的歲時農作生活散記暨食譜書《日本農家菜》（Japanese Farm Food）時悄悄浮現，走廚的道理也像人生體悟，不是不到，是時候未到，我想我的烏龍麵首部曲，應是敗在操之過急，按摩不足，再加上後來讓麵糰休息舒展放鬆的時間太短，難怪麵糰繃起臉，不給我好臉色瞧。

　　決定重振旗鼓，再度向自製烏龍麵下戰帖，這回有備而來，徵召家裡小男丁分勞踩踏，一時之間，廚房實驗成了母子同歡派對，樂不可支，眼看著麵糰由粗糙到細緻的蛻變，我有預感這次應該會是公主與王子從此過著幸福美滿日子的快樂結局。備好以柴魚高湯、醬油和味醂煮就的佐麵家常湯汁，配料則是捲葉西生菜、小黃瓜、火腿、薄荷等切細絲，待麵於湯碗中就位，注入湯汁，排上絲料，最後擠點檸檬汁提味，灑上白芝麻，就可歡喜開動，這道麵品冬夏皆宜，只需隨氣候調整高湯熱度即可。這會兒春寒料峭，溫度驟降，最適合稀哩呼嚕食湯麵取暖，就這麼辦。「那麼烏龍麵二部曲結局是 happy ending 嗎？」那肯定是，否則就不會有這愛的結晶文。

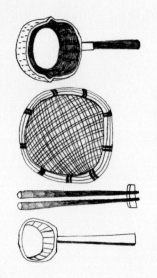

原味裸食

「腳」工烏龍麵 分量約 4～5 人份

比起手工，腳工似乎更貼切，這麵條除了醒麵時間稍長得
事先計畫外，製作上並不難，加了一點樹薯粉雖不正統
（不過市售冷凍烏龍麵也有此添加），可確實讓麵條更Q
彈。這配方一次未煮盡，也可整個麵糰以保鮮膜包妥放入
冰箱冰鎮，隔一兩日煮食，口感仍佳，此乃值得記上一筆
的優點，倒是尚未試過冷凍儲存。擀切好的新鮮麵條，不
論製湯麵、快炒或涼拌皆美，我個人偏好略細的身段，畢
竟煮食後會略增胖，起始苗條入水，出浴時體態最是纖纖
合度。

 食材

2 又 3／4 杯	高筋麵粉
1／4 杯	樹薯粉或泰國生粉（tapioca flour）
1 小匙	細海鹽
約 3／4 杯	溫水（約 50℃）

 作法

1 取一中型攪拌盆，放入麵粉和樹薯粉。
2 將溫水與海鹽放在小碗裡混拌至海鹽融化。
3 將溫鹽水徐徐倒入麵粉裡，邊倒邊攪和，能夠用愈少水分愈好，直到麵糰用力揉捏不
會散開為止，之後以腳踩踏會愈來愈光滑潤澤，所以無需太過擔心麵糰過於乾燥。
4 將麵糰收集成糰，放入厚質保鮮袋裡，壓出空氣，封口扣合，即可開始進行腳踏揉壓
麵糰的動作，目標在於將麵糰以腳踏開攤平至保鮮袋大小，取出麵糰，以折信紙方式，
將麵糰由兩端向內對折，成 3 片重疊長型信封造型，重新放回保鮮袋，重覆踩踏取出
折疊再放回袋內的動作，至少 5～7 回，麵糰口感全仰賴腳功及耐性了。
5 將按摩完畢的麵糰放入保鮮袋，置於居室溫暖處，鬆弛至少 3 小時以上。
6 取一高湯鍋，注入八分滿水，原則上，水愈多麵條有伸展空間，口感愈理想，所以豪
邁地放水吧！轉中大火煮至滾，別忘了配合擀麵切麵的時間，最完美結局是高湯與麵
條同時完成，其次，湯等麵也還可接受。
7 於乾淨工作台上，將麵糰分成數份（較易操作）。取一份擀成約 0.2 公分左右厚薄長
方形麵糰，對折後依喜好粗細切割，撒上手粉防沾黏。重覆擀切動作，處理完畢所有
麵糰。
8 待水滾即可分批下鍋滾煮，麵條浮起後，再約略煮個 3～4 分鐘即成。

檸檬芝麻烏龍溫涼湯麵 分量約 3 ～ 4 人份

四季皆宜的麵品，自製烏龍麵似乎讓滋味又更
上層樓了。高湯可放冰箱數日，也可冷凍起來，
不妨多做備份。

 配料

數葉	捲葉西生菜
1 條	小黃瓜
數片	火腿片
4 片	紫蘇或薄荷
半個	檸檬
少許	焗香白芝麻或黑芝麻
3 人份	烏龍麵

高湯 (事先製好尤佳)

4 杯	水
1 片	10 公分昆布
2 把	柴魚片
1／3 杯	味酥
1／3 杯	醬油
1 大匙	清酒

1　將水置於小湯鍋內，將昆布擦拭乾淨後放入，浸泡至少 30 分鐘以上。加入味酥、醬
　　油，中火煮滾改小火煮 2 分鐘，灑入柴魚絲後熄火，靜置 15 分鐘後過篩。試鹹淡，
　　必要時再依口味調整。
2　將檸檬和芝麻以外其他配料全數切絲備用。
3　起鍋注水煮滾後下麵。
4　將麵均分於大碗中，注入溫高湯，排上食材配料，擠入適量檸檬汁，灑上芝麻即可
　　上桌。

同場加映 配料不同美味不減分 (高湯及麵條分量不變)

★柚子胡椒＋高湯＋時蔬＋鮮蝦＋水波蛋
★鹽麴 (食譜請看「我的荒島調味料 —— 鹽麴」) ＋高湯＋時蔬＋肉片
★白味噌＋芝麻＋高湯＋凍豆腐＋金針菇＋紅蘿蔔絲＋青蔥絲

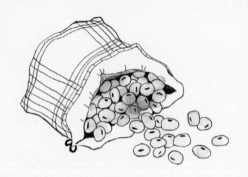

絲緞豆腐
之戀正要展開

我對豆腐的熱愛，雖不敢輕言比山高比海深，但冰箱裡永遠有豆腐的一席之地，其存在給我一種其他食材無法抗衡的，永不愁晚餐出不了菜的篤定。

如斯情意結，得從老家中興新村第一市場裡，魚販正對面那由一位酷酷老闆娘主持的豆製品攤子說起，打從年少初嚐那一刻，就死心眼地認定那味道，數十年懸念癡迷依舊，每每返國次晨，總和天光一樣起個透早（當然時差也幫了大忙），趕往市場拎一袋還冒著蒸騰熱氣，賣完為止逾時不候的豆腐塊兒回家，置在小方碟，淋點濃口醬油，便倚在廚房流理台邊吃將起來，十幾年來，這一直是我回台的第一頓早餐，像某種儀式似的，完成之後才有身心回鄉安頓的妥適感。

這一味來自無名豆腐攤，游移在絲緞豆腐與板豆腐間，軟嫩又不失結構肌理的傳統豆腐，養習了我的嘴，客居他鄉就算上日本超市揀買，也幾乎都是退而求其次之選，要不是對豆腐的愛太堅貞，恐怕早已斷捨離。比較弔詭的是，為了治鄉愁而練就包粽子蒸蘿蔔糕擀花捲，甚至自製私房五香豆乾的我，竟然從未動過做豆腐的念頭，猶記對我的手工豆乾讚不絕口的另一半，還曾語帶調侃地問我：「該不會哪天連豆腐也自己產了吧？」我當場賞了他一記白眼說：「我還沒那麼瘋狂。」殊不料，中間也不過倏忽兩三年光景，今朝已在亮晃晃的廚房裡，浸啊攪啊擠啊蒸的演出廚房全武行，製出人生的第一份絲緞豆腐，盛裝在 Pillivuyt 烤舒芙蕾的奶白小盅裡，可不是讓每個廚娘打從心裡驕傲起來的結晶啊？

　　從太瘋狂到挽袖實做絲緞豆腐，其間轉捩點要算是那十磅來自一家愛荷華小農場，顆顆渾圓玉潤，比珍珠更迷人的有機黃豆，美得實在叫人很難坐懷不亂，各式黃豆實驗於焉展開，從筍豆、豆芽、豆漿到豆腐，豆豆相扣，一切顯得順理成章，而自製豆腐實在既不瘋狂也不困難，最繁瑣的就屬榨壓豆漿這步驟，只要有上好豆奶，再調以適當比例的日式鹽滷或台式熟石膏粉，上爐快蒸兩三下，賣相清秀，豆香四溢的絲緞豆腐即盈盈現身。自製好處除開風味佳良，吃來安定舒心外，更可天馬行空奇幻變身，有回偷師日本製豆腐老師傅點子，磨了些許梅爾檸檬絲添入，就成清雅檸檬絲緞豆腐，下次還想試添日本柚子胡椒、京都抹茶粉，甚至大溪地香草籽，以甜點之姿登場應該也不賴，總之，The sky is the limit!

　　曾經以為對豆腐的愛不可能更多，自製豆腐之後才恍然，我的豆腐之戀才正要展開。

原味裸食

好靚絲緞豆腐 分量約 6 小份

自製絲緞豆腐和市售完全不能放在一起品頭論足，若不添香加味，嚐到的就是百分百豆香，所以黃豆品質至關要緊，再來是品味上，也以恰到好處，不過於錦上添花的調味方式為主，才不枉一番製作功夫。

6 盎司（約 170 克）	黃豆
適量	泡黃豆用的過濾清水
4 杯	過濾清水
1 又 1／2 小匙	熟石膏
2 小匙	過濾清水

1　將黃豆與清水放於碗盆中，浸泡隔夜。

2　爐台上備妥高湯鍋。

3　於水槽裡備好大攪拌盆，上置濾篩，其上再鋪蓋上大尺寸的薄紗布，紗布邊能懸垂過濾篩邊緣尤佳。將泡好的黃豆濾出，放入果汁機，添入 3 杯水，以最大馬力攪打 1 分鐘。將生豆漿倒於爐台上的高湯鍋，再倒 1 杯水於果汁機裡涮一涮，確保一滴不浪費，再將水添入爐台上的高湯鍋，以中火煮至滾，記得在爐火邊看著，不時攪拌防鍋底沾黏，也可避免鍋裡的豆漿爆滾噴發出鍋外。

4　將煮滾的豆漿倒入備好的紗布裡過濾，等溫度稍退，再以紗布包裹住所有豆渣，用萬能的雙手擰絞，務期榨乾所有豆漿。

5　將濾過的豆漿放入高湯鍋內再次煮沸，轉小火煮個 3～5 分鐘，熄火放涼。

6　製作絲緞豆腐必須以室溫或冰豆漿製作，請勿心急，等候豆漿涼透再進行下一步，或者最好分階段製作，比較輕鬆。

7　爐火上以高湯鍋盛八分滿水，以中大火將水煮至沸騰。在此同時，準備好蒸豆腐的器皿，我喜歡用舒芙蕾烤皿，若手頭沒有，以其他烤盤或玻璃器皿替代也行，只是賣相會稍遜。

8　將熟石膏和 2 小匙清水混合，再倒入放涼豆漿中混拌一下，接著一一分裝至蒸皿裡，放入蒸籠，再放上盛沸水的高湯鍋上，以中小蒸，直到豆腐定型，約 15 分鐘。或者搖晃一下盛皿，目測有晃動感就表示完成，不放心的話，多蒸幾分鐘亦不影響口感。

原味裸食

永遠的薑汁豆花 分量約 2～3 大杯

既然搞定了豆漿,自製豆花也就近在咫尺,製作上唯一的不同是,絲緞豆腐需用濃口豆漿,所以,只要上述豆漿製作,再多加 2 杯水,就可以沖出讓人噴淚,記憶中美味的傳統豆花囉!

食材

		甜薑汁	
6盎司(約170克)	黃豆		
適量	泡黃豆用的過濾清水	數片	老薑片
6 杯	過濾清水	1 杯水	水
2 小匙	熟石膏	3／4 杯	糖
1 小匙	樹薯粉(tapioca flour,或稱泰國生粉)		
1／4 杯	過濾清水		

作法

1　前五個步驟作法與「好靚絲緞豆腐」一致。

2　趁煮豆漿時,取最大尺寸的攪拌盆,倒入 1／4 杯清水,與樹薯粉和熟石膏拌勻。

3　豆漿煮好後,準備倒入攪拌盆前,再將盆裡的粉漿攪拌一下,以避免粉料沉澱於底部,接著將豆漿從高處往攪拌盆裡沖下,藉著衝擊力道混合所有粉料及豆漿,蓋上蓋子,靜置半個小時即成。

4　趁豆花凝固時,取一小湯鍋放入薑片、水和糖,煮至滾後轉小火,續煮至糖漿稍變稠,薑香穿梭其間為止。

原味裸食

日式豆腐麻薯丸子 分量約 4 人份

做了幾次這款麻薯丸子，最後是用了白玉粉和自製絲緞豆腐才完全心服，那 QQ 彈牙口感實在太迷人，丸子的味道因為一流食材而不凡起來。

| 100 克 | 白玉粉（日式糯米粉） |
| 100 克 | 上好絲緞豆腐 |

沾料
芝麻粉加糖粉；黃豆粉加糖粉；
甜醬油；抹茶粉加糖粉。
另外，我想配紅豆湯或豆花的薑
汁甜湯，甚至做成鹹口味丸子，
應該都很棒。

作法

1 先取一大盆放入水及冰塊備用。
2 取一小湯鍋放入六分滿水加熱煮滾備用。
3 將白玉粉和絲緞豆腐放入盆子裡抓捏揉和，太乾的話加一點點水，最後完成的狀態是你儂我儂成一體，像台式湯圓丸子的觸感就對了，整成長柱狀，分成 3 份，再各分 3 份，一直重覆直到有 27 份小粉糰，再一一滾搓成小丸子狀。
4 將小丸子一齊放入鍋內滾煮，等浮將上來時即可打撈，放入冰塊水裡降溫。
5 丸子去水漬後，串在竹籤或牙籤上，在沾料上滾幾滾即可趁鮮食用。

火腿小黃瓜豆渣沙拉 分量約 2～3 人份

榨豆漿餘下的豆渣，除了加入餅乾麵糰外，也可製成沙拉，綿密的口感，讓人有吃馬鈴薯沙拉的錯覺。

150 克	豆渣
2～3 片	火腿，切細丁
2 大匙	洋蔥丁
1／4 杯	黃瓜丁
2～3 大匙	自製美乃滋 食譜請見「回頭太難美奶滋」
2 小匙	醋
適量	現磨黑胡椒及細海鹽
少許	新鮮薄荷

作法

1 將小黃瓜丁及洋蔥丁以鹽略醃，再稍擠壓出汁水。
2 將調味料與豆渣先混拌，再添入火腿丁、洋蔥丁和黃瓜丁。試鹹淡。
3 薄荷切絲，最後拌入即可盛盤。

百變早點王 granola

　　自封為「健康穀片王」的松浦彌太郎，在《日日 100》一書裡，提到洛杉磯威尼斯區 Rose Café 出品，顛覆過往刻板印象，令他懸念不已的美味健康穀片，讀來著實頗好奇在他心裡首屈一指的早餐全穀麥片究竟是何等滋味？有機會下南加州，確實很想試試，但，也只是抱著隨緣的心態，畢竟嚴格說來，我也算是找到了自個兒心目中的最佳健康穀類麥片 granola 了。而且，比松浦彌太郎更幸福的是，我的健康穀類早餐麥片自給自足不求人。

　　至今足足有六個年頭了，扣除出門旅行和偶爾穿插湯種吐司佐奶油果醬，這款家製穀類早餐麥片與一杯現打有機蔬果汁這兩大元氣拍檔，無分晴雨寒暑，忠心耿耿地鎮守我家早餐餐桌，許我們一家飽滿能量面對日日全新的開始。或許你會感到狐疑，數年如一日早餐以 granola 為主食，聽起來也未免太單調惆悵？不瞞你說，這番源遠流長的演變，也是我始料未及，尤其我又是個在三餐飲膳上不耐重覆的人，究其關鍵得歸功於穀類早餐麥片 granola 大器有容，能屈能伸的個性，既有足夠內涵分量可獨撐朝食大樑，亦不乏寬容胸襟，可與其他搭檔食材和樂融融，打成一片。

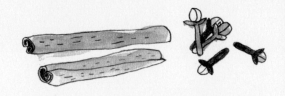

　　風味穀類麥片 granola 的好，來自於其組成內容，就定義來說，granola 指的是風行於北美，混以燕麥或其他穀類、各式堅果，再以油脂、蜂蜜和香料混調後，經過烤箱烘烤程序，之後再撒入果乾的健康朝食，類似由瑞士醫生 Maximilian Bircher-Benner 所發想，在歐洲更受青睞的 muesli，只不過後者無需烘烤，且以搭配新鮮柳橙汁為正宗食法。以風味來說，granola 多費一道工序不是沒道理的，烤箱認證等於蓋上甜蜜香酥的美味印記。摸清 granola 的底細後，就可以掌握風味變化的重點，穀類麥片是主角，燕麥片、小麥胚芽、麥片、椰絲、椰片等不拘，皆可加入陣容；再來是油脂變化，從橄欖油、椰子油到各式堅果油，甚至添加些許奶油增香也無妨；甜味大將算是蜂蜜及楓糖；香料以肉桂、小荳、丁香等，所謂經典製南瓜派用的香料最適配，還有別忘了精華露（食譜請見「家製廚房精華露」），柑橘、香草和咖啡肯定相見歡喜；出爐之後輪到果乾上場，選擇更是海闊天空，大概只要弄得上手，可以負擔的都多多益善。至此，granola 算大功告成，可入保鮮盒待命，隨傳隨到。

　　稀哩嘩拉倒入早餐碗裡，還有得你繼續變化，granola 屬乾料，接下來當然需要濕料來陰陽調和一番，師法 muesli 配果汁，沒人阻得了你，我家因為多半還會續添當季水果，多元化起見，偏好搭配各式奶製品，如生牛乳、希臘優格、各式生堅果奶（食譜請見「堅果及其變奏」）、自製豆漿（食譜請見「絲緞豆腐之戀正要展開」）或自製新鮮起司（食譜請見「讓人好虛榮的新鮮起司」）或者農家起司。若正當柑橘季節時，再磨點新鮮檸檬或橘皮絲（乾燥也行），此味是我近期的 granola 調味新歡，迷人至極。這麼一連串數將下來，再依循春夏秋冬時令指揮，不上癮已屬異數何況食膩？

　　至於營養，從以上點名的無敵黃金組合內容，不必金頭腦，單用膝蓋想，甚至用鼻子聞也知道，大概很難找到可與之匹敵的朝食品項了，更別提 granola 可以一次烤個兩週份儲糧備用，省事省力也省心，每天早上再也不必為打點早餐煩惱，無論如何都有granola 在後面力挺的感覺，實在美妙。

原味裸食

才德兼備 granola 分量約 12 杯

這個 granola 範本來自美國知名烘烤麵粉品牌亞瑟王的《Whole Grain Baking》一書，在合情合理合邏輯的範圍內，儘管隨喜隨意做變化。另外，可別被長長的食材清單嚇著，缺一兩樣無妨，備妥食材，接下來的流程，真可謂一塊蛋糕（a piece of cake）了。

食材

7 杯	燕麥片
1 杯	原味椰子絲
1 杯	小麥胚芽
1 杯	杏仁，切成薄片
1 杯	腰果，切碎
1 杯	葵花籽
1／2 小匙	鹽
1 杯	B 級楓糖（grade B 較優）
3／4 杯	橄欖油
1／2 小匙	香草精
1／2 小匙	柑橘油（沒有的話可省略）
1／2 杯	葡萄乾
1／2 杯	藍莓乾

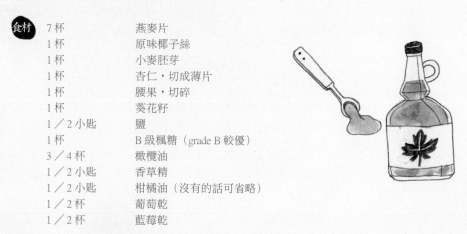

作法

1　將烤箱以 250 ˚F（120℃）預熱，烤架放於上 1／3 與下 1／3 的位置。

2　準備兩個大烤盤，上頭鋪上烘焙紙。

3　將上述 1～7 的乾料置於大盆中混拌均勻。

4　將上述 8～11 的濕料於小盆中混勻。再將濕料緩緩倒入乾料，同時攪拌直至乾濕料均勻混和。

5　將所有材料分別平鋪於兩個大烤盤上，即可放入烤箱烘烤 2～2.5 小時（直至香酥為止），1 小時左右記得稍微拿出來攪拌，並對調上下烤盤位置，較能均勻受熱。

6　烤料放涼後，最後再混入乾果即可放入保鮮盒裡。

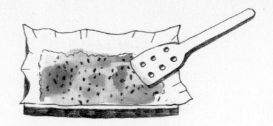

隨身營養元氣 granola bar 分量約可切成 4×2 公分大小方塊 30 枚

一回健身完畢，餓得頭昏眼花，那時便想若有 granola bar 在手該多好，其實製作材料八成和 granola 雷同，家裡十之八九也均齊備。試烤了第一批深覺相見恨晚，爾後不管是課後或旅路上，此物都是隨身的美味良伴。

 食材

1／4 杯（約 56 克）	奶油，融化備用
1／4 杯（約 56 克）	椰子油，融化備用
3／4 杯	堅果醬 食譜請見「堅果及其變奏」
1／2 杯	二砂糖
2 大匙	香草精 食譜請見「家製廚房精華露」
1／3 杯	蜂蜜
2 又 1／2 杯	燕麥片
1 又 1／2 杯	杏仁切片
1／2 杯	無糖椰絲
1／2 杯	苦甜巧克力豆
1／2 杯	小麥胚芽
1／3 杯	芝麻
1／2 小匙	肉桂粉
1／2 小匙	海鹽

作法

1. 以約 350 ℉（180℃）預熱烤箱，取一 9×13 吋烤盤，鋪上烘焙紙，四邊最好高過烤盤邊緣，以利放涼時脫盤取出。

2. 取一大平底炒鍋，放入奶油、椰子油、堅果醬、二砂糖、香草精、蜂蜜和 2 大匙水，中火加熱，不時攪拌，直到材料全數融化成糖漿質地。

3. 炒鍋離火，放入燕麥片、杏仁切片、無糖椰絲、苦甜巧克力豆、小麥胚芽、芝麻、肉桂粉及海鹽，攪拌直到所有乾料都均勻沾上步驟 2 的濕料。

4. 將所有材料倒入準備好的烤盤，攤平，並以木匙將烤料向下壓緊，愈紮實愈好，出爐時才會成型成塊。

5. 入烤箱烘烤 30 ～ 40 分鐘（視自家烤箱溫度而定），完成出爐時質地鬆軟為正常，室溫靜置烤架上至涼透便會轉脆硬，即可脫模切成喜歡的大小。

6. 放保鮮盒保存於室溫約可放 1 週，也可一一包裹密封放入冷凍庫，約可存放 4 ～ 6 個月，食用前再拿到室溫退冰。

我家的日日湯種

　　是的，就是這款改良之後的湯種麵包（來自日本，指添入煮至約 65℃溫熱麵種製作而成的麵包），讓我 N 年不曾再看市售吐司一眼，更別說是掏錢買下拎回家；同時也讓我死心塌地，不再和其他配方眉來眼去。

　　要達成這樣的目標，説難不難，説簡單也不簡單，在我眼裡，要肩負得起家常 Everyday 吐司重任，必須具備幾項要件：首先，可不能是公主命格，亦即製作上得好生伺候。畢竟，以我一家三口人餐食量為基準，每次出任務，不管是製作義大利帕尼尼三明治或烤吐司佐果醬，鮮少不是一次一條斃命，風捲殘雲丁點不留。數學再不精的廚娘也知曉，客製化量身訂作的麵包配方不切實際，不予考量。能夠讓人樂於持之以恆勤於備糧，才是理想契合的 soul mate；其次，自然是口味，既要經年累月不改其志的效忠吃食，就得有起碼的美味水平，倒不一定得入口驚豔連連，道理和靚衫反而容易睇膩同理，最好像深緣的鄰家女孩，一看順眼，耐得一看再看，打扮起來古今皆宜，換句話説，就是潛質好，可塑性高。最後是，相對的健康，這點也不強求了，再強求只怕會遭天譴，有個七十分過關就好，怎麼説自家烤製的麵包，新鮮老實可靠，絕無火星文添加物，光這點，市售就難望其項背。

想當然爾，這款改良過的湯種麵包，符合上述所有條件，揉製上為了達到麵糰扳拉開來，具透光薄膜效果，肯定得請出 KitchenAid 代勞，因此省下手揉麵糰的時間，讓我在廚房裡邊看顧著麵糰進度的同時，可以邊打理其他瑣碎廚事，三不五時拉長脖子探看一下，偶爾停機檢視，過關後再取出麵糰，進行第一次發酵，製作上幾乎可說是不費吹灰之力；至於口味呢？原始配方來自《65℃湯種麵包》裡的北海道鮮奶吐司，肌理綿密，奶香十足，適合偶爾烤來取悅口欲，常食反而無法全神感受其濃郁美好，至為可惜，可若動點手腳，收斂一點貴氣，能讓整體風味更趨中庸，也適合平常日子有時豐有時儉的彈性變化，加加減減實驗幾回，voila！我的日日湯種堂堂出爐。

這麵包幾年下來，經過小查所有刁嘴偏食學友們一致豎起大姆指按讚，每每 playdate 時，缺餅乾少果汁不打緊，只要有湯種麵包坐鎮，抹上厚香有機奶油，就可以把這些小鬼治服服服貼貼，乖順得不得了。還記得有一回，小查同學裡號稱湯種麵包頭號粉絲的吉安娜，因玩得太盡興而忘了點心時間，結果，下次 playdate 前腳一踏進門，小妞馬上開口討麵包塗奶油吃，我吟吟笑問：「今兒個怎麼還沒玩耍就肚餓啦？」古靈精怪的她，雙眼圓睜認真的答覆我，上次沒吃到麵包很扼腕，這次為了預防悲劇重演，決定先食再玩。這出乎我意料之外的答案，也再次印證了湯種麵包之老少咸宜，所向無敵。

除了抹奶油單吃，湯種麵包一如我所期待的多才多藝，除沾食橄欖油過於細緻，不頂適宜之外，似乎沒有什麼角色難得倒，從麵包布丁、各式鹹甜三明治、法國吐司、烤麵包丁，甚至粉身碎骨化身麵包粉也不成問題。再來說說健康指數，油脂與糖分比絕大多數的麵包更少，卻能有如此濕潤細密的口感，我想就算不是空前，也確實很難找到更出其右的配方。真要挑剔的話，大概就是使用大量高筋麵粉這點，曾試圖以其他全麥或穀類粉料替代，分量約超過三分之一左右，就明顯影響風味，此乃美中不足處，可我是這麼想的，與其烤製出百分百符合健康卻乏人問津，或者就算食之也勉為其難的麵包，還不如放棄執念，改以額外多食生鮮蔬果來平衡，健康是身心靈林總元素綜合角力的結果，項項追求滿分既無必要，也失之沉重，愉悅歡喜細品慢嚼飲膳食餚，合該是常民生活裡值得追尋經營的微幸福才是。

原味裸食

家庭常備湯種麵包 分量2條

我習慣多做幾條凍在凍箱裡當備糧，鮮少有麵包可以禁得起冷凍後水分的流失，湯種在此又展現了決決大器之風範，退凍至常溫後，口感依然在可接受範圍。冷凍保存至要緊在於密密包裹，一層鋁箔紙再一層保鮮膜，最後再以塑膠袋圍裹，總之，再多也不嫌。

 食材 湯種食材

100 克	高筋麵粉
500 克	水

 作法

1　製作湯種，將湯種部分的材料置於小鍋中，以中小火加熱，其間必須持續攪拌，讓麵粉可以均勻與水混合，同時避免焦鍋。

2　理論上是加熱至 65℃左右，麵糊會呈現類似生蛋黃的稠度，我通常以目測，當用勺子攪動會出現波浪紋時，差不多就大功告成了。

3　製作好的湯種，除了立即使用的量之外，取一洗淨消毒過的玻璃瓶盛裝放入冰箱保鮮，我的經驗約可保存 6 天左右。

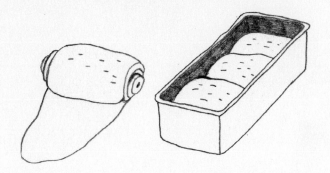

 麵包體食材

540 克	高筋麵粉（如內文所提，其中 140 克可以別種粉料實驗變化）
56 克	糖
7 克	鹽
1 顆	大鮮蛋（約 55～60 克）
9～10 克	酵母
190 克	湯種
113 克	低脂或全脂牛奶
48 克	奶油，室溫軟化

作法

1　將麵包體部分除奶油外所有材料放入攪拌器的鋼盆裡，記得要錯開糖、鹽和酵母，以免酵母脫水身亡，開低速以勾狀攪拌器混拌，直至均勻，接著開中速攪拌至出筋，麵糰呈現光滑狀時，轉回低速，再依序慢慢加入奶油。

2　當奶油大約和麵糰混勻時，轉回中速持續攪打，直到麵糰以手指慢慢掰拉開，可以拉成一片透光薄膜，續拉開裂口會出現鋸齒斷裂為止，這即所謂的擴展階段，打至完全階段時，拉開的裂口不會有鋸齒，而是如雷射切割般整齊的開口。

3　將打好的麵糰置入一個抹薄油的大盆裡，以保鮮膜覆蓋盆口，發酵至兩倍大。

4　以拳按壓麵糰排氣，等量分割成四份，滾圓後（就是用兩手捧著麵糰，沿著麵糰弧度由上往下做包覆的動作，有點像幫它拉皮，動作的重點就是將麵糰整型成一個表面光滑的圓糰，不美的收口在下方），略放 10～15 分鐘，讓麵糰略鬆弛。

5　取一麵糰，收口朝上，按壓排氣，再以擀麵棍來回擀壓，主要是把氣泡趕出麵糰，減少麵包的孔洞，擀平成一橢圓狀，取兩邊約 1／3 的部分向圓心中線對折，對折的部分會重疊，換句話就是把橢圓大約分三等份，左右兩個半圓部分向中線折入，部分重疊就對了。接著再以擀麵棍從中間朝上下兩邊擀開，主要也在於消除麵糰裡的氣泡，最後再由上慢慢像捲心酥一樣朝內（自己）的方向捲起來，收口朝下，放入烤盤裡。以同樣方式處理好 4 個麵糰，分別放入 2 個半條的帶蓋吐司模裡。蓋上保鮮膜進行第二次發酵。

6　發酵至八、九分滿，即可入 350 ˚F（約 180℃）預熱好的烤箱，烤 30 分鐘。

7　出爐時，略敲烤模兩側避免塌陷，出模後放置烤架上放涼。

豪華版烤火腿起司蛋布丁麵包 分量約 4～6 人份

這料理乃加拿大婆婆的必殺祕技，英文喚做 Christmas Morning Wife Saver Breakfast，之所以叫 wife saver，主因在於前天晚上可備好料置冰箱，隔天早上直接入烤箱。主婦可趁烘烤時間從容打理衣著並擺置餐桌，不必一大早揮鍋弄鏟，便可全家齊聚共享剛出爐的溫暖美味早餐，的確很理想。婆婆的配方，加上根據自己喜好或現有食材微調，層層講究的結果，美味更是加倍。

大約 10 片	湯種吐司
數片	火腿
數片	巧達起司
6 顆	放山雞蛋
3 杯	全脂牛奶
1／2 小匙	海鹽
1／2 小匙	現磨黑胡椒
1／2～1 小匙	美式芥末
1～2 小匙	伍斯特醬（Worcestershire Sauce。無此醬時，可以 1／8 小匙魚露取代，風味亦佳）
數滴	辣椒醬（Tabasco Sauce）
1／4 杯	切碎洋蔥
1／4 杯	切碎青椒
3 根	青蔥，切蔥花
6 大匙（約 85 克）	無鹽奶油
約 1／3 杯	自製麵包屑 食譜請見「廚櫃常備食材」

1　取一 9×13 吋的長方形烤盤，內部均勻塗抹奶油。
2　將麵包舖滿烤盤底層。
3　將火腿片舖於麵包上。
4　再於火腿上舖滿一層巧達起司。
5　最後再舖上一層麵包，類似製作三明治。
6　中碗內放入蛋、牛奶、所有調味料、洋蔥、青椒和蔥花，混拌均勻。
7　將混拌好的醬汁均勻倒在麵包上。
8　以保鮮膜蓋好，置於冰箱內冰鎮過夜，使麵包和醬汁你儂我儂。
9　隔日早晨，以 350 ℉（180℃）預熱烤箱，入烤箱前，融化奶油澆淋於麵包上，並灑上麵包粉。
10　送入烤箱烤 50 分鐘至 1 小時，烤好取出置於烤架，靜置 10 分鐘，即可盛盤上桌。

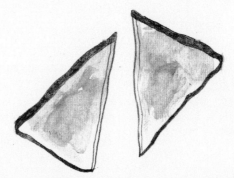

香料奶油烤吐司 分量約 2 人份

這烤吐司用途多多，可以是課後點心、嘴饞時的零嘴或搭配冰淇淋、熱巧克力或米布丁的甜點組合元素，和奶油混融的香料可隨意變化，肉桂、小豆蔻、肉豆蔻或南瓜派綜合香料等皆可，我喜歡出爐後磨些橘皮絲，非常對味，或者也可以手邊的自製風味糖（食譜請見「抄小路變名廚——風味海鹽」）來實驗。

4 片　　　湯種吐司切半
1／4 杯　二砂糖
1 小匙　　肉桂粉
2 大匙　　奶油，室溫軟化
少許　　　海鹽

1　以上火炙烤（broil 低溫）設定預熱烤箱，烤架置於離頂部約 12 ～ 15 公分處。
2　混合砂糖、香料、奶油和鹽。
3　將麵包片排放於烤盤上，全數抹上薄層香料奶油，入爐烤至麵包邊緣轉深棕色，香料奶油嗶剝作響為止。

吃個不停　五香豆乾

　　即便手作食材的履歷內容不斷更張，與時俱進，觸角日漸廣遠，可是我永遠記得，第一次自製五香豆乾時，心兒怦怦跳，整個製程，被期待、緊張、興奮與忐忑五味雜陳的微妙情緒所漲滿的感覺。一旁鵠候等待出爐，拉開烤箱門，顧不得火炙燙手，像個面對一瓶裝滿五彩糖果罐兒的饞嘴小孩，急吼吼地伸手就捻起一枚，呼呼吹上兩口氣，便迫不及待咬將下去，齒頰生香，味蕾既陶醉又滿足，接著思鄉情愫獲得了慰藉，再隨著一片片豆乾嗑下肚，美味指數因為手作的自豪而持續狂飆，那是一種連米其林星星級料理也難以催化翻掀，五感等級的 High。

　　在所有家鄉小食裡，讓我牽腸掛肚的實在不多，而五香豆乾算是其一。說來好玩，自幼及長，我挑食又難搞，抵死不食的品項遠超過喜愛的食料，很不巧地，又成長於虔誠茹素的家族，親友聚會素宴不絕，倒不是我多麼無肉不歡，對素食料理最大的心結在於包山包海，從豆雞、豆魚、素火腿、素肉、豆皮、豆包無所不在的豆製品，說是我的天敵也不為過，莫名地一入口便一陣反胃，至今我仍記憶猶新，每當年節圍坐餐桌，面對旁人眼中一桌子澎湃豐美的素食盛宴，我卻是左看右瞄，以眼巡視一遍又一遍，找不到一道可安心下箸，無需翻掘挑揀出豆料的菜餚，總是如坐針氈地隨意扒完一碗飯，在眾人同情憐憫的眼神目送下，趕緊逃之夭夭。原本以為一輩子沒得翻身的偏食煎熬，竟在北上念大學經常外食的情況下，奇蹟似的痊癒，搖身一變成為只要食材好、料理得當，幾乎來者不拒的博愛食客。而在這天翻地覆大變身的過程中，唯一不變的，是對五香豆乾的喜愛，一路走來，始終如一。

這根深蒂固的愛，當然不會因為移居數千哩外的異鄉而自動緩解，所幸亞洲食料在美國，只要不是地處窮鄉僻壤，要弄到手不算太難，從東岸普林斯頓飄流到西岸舊金山，在地亞州超市都不乏五香豆乾的芳蹤，只是從東岸買到西岸，要買到拆封沒發酸，口味也還可接受，還真需要幸運之神的眷顧。當然，我也完全提不起勇氣，審慎閱讀包裝上食材原料標示，只想鴕鳥地屈服於口腹之欲。再說，恕我不賞自己人臉，就算讀了翻成英文的成分列表，實際作不作得準，是另外一回事。層層疊疊的不確定，使得咀嚼之際，疑雲漸增，享受遞減，自然而然逐漸從少吃到不吃，可有時候，的的確確還真是思念得緊啊！畢竟是愛了一輩子的故鄉小食。

即便思念殷切，壓根也沒想過自製手工五香豆乾的可能，只因在認知裡，固執的以為，一輩子都在超市農集裡採買的豆乾，當屬博大精深神祕奧妙，常民無法複製的特級國民美味吧！怎是小小家廚能夠炮製的料理呢？直到某天，信步逛到 JoJo 部格落，驚見她自製五香豆乾的分享，細讀之下，發現原理一點不難，甚至可去蕪存菁，壓縮成壓豆腐、浸滷汁，再烘烤之三道工序口訣，但，也別高興得太早，三句口訣背後，是得做足功夫的大量前戲。隱忍許久的豆乾欲望，被野火燎原似撩撥起來，豈是費工兩字所能撲滅，這當口就算得磨蹭個大半天，也沒得商量，誓死不打退堂鼓。

火速備材，鑽進廚房捲起袖子，鏘鏘大動鍋鏟起來，第一回的確是規規矩矩地照本宣科，派出鑄鐵鍋鎮壓豆腐，再以熬煮牛肉麵之無肉版本為浸潤豆腐高湯，最後入烤箱兩面烤至金黃，成果斐然，風味沒話講，可礙於家庭廚房配備拮据，忙忽一場，只換得一家三口塞牙縫的量，實在叫人有些氣短。我苦思改良之道，思來想去，唯有從縮短前戲下手，最近一回，改採用超硬（extra firm）豆腐，有效省下將水分壓濾出豆腐的時間，再來，滷汁也改採我的抄捷徑快手版，繼續攢節下食材工本及熬煮浸汁的時間，這麼東扣西減，我承認，到位度略略不及，可若將效率也計入評估，這偷工減料五香豆乾，堪稱理想且識時務的完美折衷。自此再也不必小器巴拉的淺嚐，能夠豪邁開懷大啖，甚至捨得拿來入菜做變化，這可不是手作料理最重要的目標嗎？

原味裸食

偷工減料五香豆乾 分量約 32 片

我的滷汁分量一概以目測和口嚐試味，要辣要鹹要甜，任君打算，總之在將豆腐下水浸潤前，不滿意都還救得回來。若使用中藥店滷包，可撈起冰鎮，再重覆使用一次；滷豆乾剩下的滷汁，可拿來下些海帶、金針菇、大白菜等小煮片刻，加蔥花麻油，就是很棒的自製滷味；或者添點水、加牛肉片，即可續煮簡易牛肉麵；或者加蔥花、一點麻油，充做水煮糖心蛋的淋汁也很讚。

 食材

4 大塊	超硬豆腐（我用的是超市常見的塊狀豆腐）
1 大匙	橄欖油
1 小匙	麻油
5～6 根	青蔥切大段
5～6 片	老薑
3～4 大匙	二砂糖
1／2 小匙	是拉察（Sriracha）
1～1.5 杯	醬油（視鹹度而定）
4 杯	水（手邊有現成高湯更佳）
1／2 小匙	海鹽
1 枚	小個頭的八角
1／4 小匙	花椒
少許	紅蘿蔔和洋蔥（用水而非高湯的話可加）

 作法

1　取一有邊烤盤，上置網架，舖上豆腐，再壓放一塊厚砧板，上頭盡可能堆放重物，目標是壓濾出豆腐裡的水分，大約將豆腐壓成原本 1／2 高度。

2　壓豆腐的同時，取一寬底半深鍋具（有足夠平面可以平舖浸漬愈多豆腐塊愈佳），熱鍋入油，爆香蔥段、老薑片，下砂糖、是拉察辣醬略炒，入醬油、水和海鹽，試鹹淡（嚐起來偏鹹一點好，入了豆腐還會稀釋）。

3　將八角和花椒用咖啡濾紙包起來（亦可用泡茶葉的濾袋），放入湯汁裡，小火半悶半煮約 30 分鐘至 1 小時。

4　將壓好的豆腐分切成市售豆乾大小，總共約可切 32 塊。放入滷汁，以小火保持將滾未滾狀態，浸漬半小時，15 分鐘時翻面一次。

5　以 350˚F（180℃）預熱烤箱，將浸漬入味的豆腐排在網架上，底下置一有邊烤盤防醬汁滴漏，入烤箱每面各烤約 13～15 分鐘，直到上色，表面乾爽為止。

偷吃步 台式肉燥蘿蔔糕

在未識得港式糕蔔糕之前，蘿蔔糕對我來說，僅只於過年必備糕物，來源也多半是阿嬤阿姨鄰里婆媽的手製品，想當然爾，在中部鄉間小鎮，主流口味自是清白如霜雪的台式蘿蔔糕，只是多年嗑將下來，即便是年年炊作的老手，要達到令人驚豔的水平，也不是靠老經驗就能達成，除粉料比例得恰到好處，增一分太厚實，減一分太軟稀皆不美，白蘿蔔要夠鮮甜，也至關緊要，能用自磨米漿更是大大加分，就因為成分極簡，要一舉擊出個大滿貫，真箇是連一個小細節也不能有閃失。印象中曾有幾次嚐到穠纖合度、溫潤如玉的極品，但確實是可遇不可求，故從未真正對台式蘿蔔糕愛入心，細究起來，也就不那麼令人驚訝。相較於台式，隔洋的港式蘿蔔糕顯得討喜許多，除了本質組合不變，夾帶海鮮陸味點綴其間，光是多了一層鮮味取悅味蕾，只要拌料調味分量拿捏得當，別弄得喧賓奪主，港版要勝出有如彈指。

吃過幾輪港式飲茶餐廳，家裡全數拜倒在港式蘿蔔糕的裙底，點名要我上菜，演變到後來，不僅成了家中餐桌的季節勝景，連美國拜把友人德芳佐夫妻都傾倒。「這真的是白蘿蔔做的嗎？太神奇了，竟然能把索然無味的白蘿蔔整治成讓人上癮的料理。」還記得初嚐港式蘿蔔糕的丹尼先生，驚得一副像被雷電擊中的表情，一邊大啖一邊搖頭晃腦，讚嘆不絕，上回他們夫妻倆飛來西岸相聚，我還特地趕在他們登機前，雙手奉上剛蒸好還冒著熱氣的兩枚蘿蔔糕（和一盤珍珠丸子），做為臨別贈禮，據說若不是因為香煎蘿蔔糕更美味，大概飛機尚未降落，兩塊糕早已屍骨無存。大約是因為回響熱烈，讓廚娘我也做得更起勁了，直到一回買到了無米香就罷，還夾雜著些許餿敗氣的在來米粉，頓時像兜頭倒下一盆冷水，勃勃興致瞬間急凍，導致迷途了好一陣子，遲遲不見復返。

　　可是也許是習慣了，每到冬季，見著市集裡慣常買菜的有機農販攤上一籃嫩白橫陳的新鮮白蘿蔔，時不時衝動地提了一袋回家，第一個念頭想做的，總還是蘿蔔糕，無奈上回在來米粉創傷實在深遠，讓我在最後一刻又打消念頭，食慾與理智持續纏鬥拉踞不休，也試了據說可取代頂著用的泰國水磨黏米粉，依然是無言的結局，難不成要回到以生米磨漿的老祖母法寶嗎？我喃喃自問。必須說，這世間可不只有錢能使鬼推磨，強盛的口慾也同樣給力，加上現代廚娘又有果汁機在背後撐腰，實在沒啥好猶豫的，一打聽清楚，美國到處有賣的長米（long grain rice）就是在來米流落他鄉的洋兄弟，有需要隨時可替代出征時，我再次披掛上陣，綁上必勝頭巾，挑戰自磨米漿港式蘿蔔糕。

　　令人聞之敬畏的蒸港式蘿蔔糕，和其他料理一般，只要融會貫通後執行之，成功率和現今台灣的大學聯考上榜率旗鼓相當。也因為終於不再盲目地跟著食譜亦步亦趨地做，自然也就不必受限於食材，無需大費周章去張羅指定配料，冰箱有啥就隨之應變，冷藏有前晚料理麻婆豆腐剩下的約三分之一磅豬絞肉，就湊和著用吧！不喜香菇不愛蝦米，家裡也少備臘味乾貨，人說巧婦難為無米炊，不敢自稱巧婦，倒是廚櫃冰箱阮囊羞澀得緊，正兀自傷腦筋，瞧見冰箱門格上的清香號紅蔥油酥，這可好，就來做個偷吃步台式肉燥吧！結局可儼然像經過深思熟慮，精心計算那般巧妙呢！而最後的沾醬也值得一提，家中同樣沒半樣地道調料，山不轉路轉，像急智歌王一般臨場發揮起來，最後調了兩款，分別以是拉察辣醬和日本柚子辣椒（Oceanfoods 尤佳）對醬油而成的極簡沾醬，灑上蔥花和芫荽碎是一定要的，兩款各有滋味，但不得不說柚子辣椒略勝出一籌，柚子的清香和蘿蔔糕的鮮美，有如天作之合。

　　不知是否闊別多年的距離產生了美感，再加上自磨米漿的神威，蘿蔔糕似乎比記憶中更添數倍之美味了。

原味裸食

台式肉燥蘿蔔糕 分量約 10 吋蒸籠大小蘿蔔糕兩枚

只要食材配對、分量拿捏得當,素葷豐儉皆由人。原則上,水和生米的比例約 1:1,蘿蔔絲與米漿比例約 4:1 或 5:1,只要最後將汁收到乾,應該都能馬到成功。其次,以下食譜口感屬偏軟港式風味(個人偏好),想要變化的話,可以從加玉米粉、太白粉和澄粉實驗起,分量不要太多,否則蘿蔔糕走味就可惜了。

 食材

約 1000 克	有機白蘿蔔刨絲
300 克	在來米或有機長米(long grain rice)
300 克	水
約 150 克	豬絞肉
3 大匙	清香號紅油蔥酥
1 ~ 2 小匙	橄欖油
1 ~ 2 大匙	糖
少許	白胡椒
1 ~ 2 小匙	醬油
適量	鹽

作法

1　前一晚將米洗淨,浸泡過夜,大約泡到米吸飽水分,以指一掐可攔腰折斷的程度,不過夜的話,最好泡上 6 個小時。

2　準備製作時,先慢慢煮熱一大鍋蒸糕用水,竹蒸籠上舖上烘焙紙備用。刨好的蘿蔔絲放在大碗裡,加一點鹽略醃 20 分鐘,更能逼出蘿蔔香氣。

3　接著取大湯鍋或鑄鐵燉鍋,熱鍋加入橄欖油,下油蔥酥、糖略炒,入絞肉炒至變色,以醬油和鹽調味,可以嚐起來稍鹹一些無妨,文火慢煮片刻,這時可以一邊將瀝乾的米加 300 公克水,放入強力果汁機裡攪打,我用 Blendtec 打了約 50 秒,成品細緻,不需過濾即可使用。

4　將蘿蔔絲略擰乾水分(汁留存備用),放入已煮入味的肉燥裡同炒,至蘿蔔絲軟嫩,以白胡椒(一定要加,白蘿蔔的靈侶呢!)和鹽略調味,約 7 ~ 10 分鐘,接著將生米漿和蘿蔔絲擠出來的汁一起倒入鍋裡拌煮,以煎鏟把食料攪和均勻,試味,此時應該是約七八分鹹的調味程度,由於之後要沾醬吃,故此時鹹度得把握好。一直慢慢拌煮到濃稠,汁水收乾。在此同時,也要注意使蒸糕水同步到達沸騰狀態,將蘿蔔絲米漿倒入蒸籠裡,表面抹平,上鍋蒸約 50 ~ 60 分鐘即可。

5　蒸熟後在蒸籠裡放涼定型再取出,七八分的調味,就算不煎也好吃,但我私以為,煎香的蘿蔔糕才是王道啊!

新加坡系蔥蛋炒蘿蔔糕 分量約2人份

在灣區一家港式飲茶嚐到星洲炒蘿蔔糕,風味不錯,不妨使用家裡現有醬料,如 XO 醬、沙茶醬、是拉察或柚子辣椒醬等,變化出耳目一新的吃法。

 食材

4～5大塊	蘿蔔糕
1～2大匙	橄欖油
2顆	中型蛋,蛋液打勻
2根	青蔥,切蔥花
1～2小匙	自選調味料
1小匙	醬油
少許	糖
少許	鹽

作法

1　取平底鍋熱油,將蘿蔔糕煎至兩面金黃,再以煎鏟或刀切成小丁,盛起備用。

2　同鍋具再下少許油燒熱,下蔥白、蛋液,快速翻炒,倒入蘿蔔糕丁,放入所有調味料,翻炒均勻,試味完成即可起鍋。

雪櫃是我的 BFF 無誤

　　為了半頭豬斥資買下巨無霸冷凍櫃，交往三年下來，必須說：雪櫃，你是我的 BFF（Best Friend Forever 的正宗縮寫，但在此要說是 Best Friend Freezer 也行）無誤。我知曉，如斯真情告白十分不尋常，也感受得到，眾人投射在我身上的眼神，除了小劑量的狐疑，更寫了滿滿的無聲問號。這也難怪，即便我這個當事人，也真的是糊里糊塗一頭栽進去的。

　　畢竟，我預算內可負擔的巨無霸冷凍櫃，並沒有俊朗英挺的吸睛外表，清一色挺個大肚腩，套著草莽氣的白汗恤，一臉剛正不阿，不假辭色的模樣，與我心目中卓爾不群的夢幻逸品 SMEG 有如雲泥之別，當然，身價亦是天差地遠，掂掂荷包斤兩，再考量居室空間不足安置，迎進門後需以車庫為家等種種現實，摸摸鼻子務實認分扛回一尊平價環保省電冷凍櫃，我喜歡同香港人一樣喚它作雪櫃。我的雪櫃一落地生根，便二話不說展現有容乃大的氣度，眉頭不皺一下地把我從市集農場張羅來的食料妥貼納入肚囊，此舉不消說，輕鬆贏得超過預期的第一印象。雖然和冷藏庫是同門一家親，但彼此脾性可是南轅北轍，冷藏不愛熱鬧，需得適度留白，給予呼吸空間，擁擠將導致窒息萎靡；冷凍則不然，空虛是大忌，愈是塞得前胸貼後背，愈是活得元氣生猛帶勁，既合群又有親和力，優點再記上一筆，而我自然是恭敬不如從命，努力投其所好。從最基礎常民的新鮮肉品魚鮮、當季蔬菜水果、各式堅果，到進階的高湯、派皮、麵包、長條蛋糕、餅乾麵糰、義大利麵疙瘩、風味奶油，再升級到自製雪櫃即時好料，如台式肉燥、水餃、貢丸、烤雞塊、三明治雞肉片、漢堡肉等。除了水分豐沛的蔬果食品，如西瓜、小黃瓜、桃子派之屬，相處起來不那麼對盤之外，海派豪邁的雪櫃幾乎來者不拒。

有了巨無霸雪櫃在背後撐腰，上市集農場採買，少了瞻前顧後，多了冒險犯難，身手宛如內力大進，輕功了得的武林高手般靈敏迅捷，趁著盛產季節，成箱成打地以最低廉的代價，換回正值顛峰熟美的產地收成，若不是雪櫃許我這樣的自由，究極食材的追求之路，肯定加倍坎坷多阻，回想起來，當時純為解決凍存豬肉燃眉之急的半衝動之舉，儼然是此生最物超所值的投資。當然，以上這番話寫來四兩撥千斤，聽來全是惹人怦然心動的好處，但很抱歉得在此興頭上兜頭潑你一盆冷水，採買回家的食材並不會自動束手就擒，自動分門別類跳進雪櫃裡安身立命，洗切裝封前置步驟功夫全得做足，一批食材花個一天兩日整治稀鬆平常，有時揮汗勞動時，嘴裡也不免跟著叨念，做啥自討苦吃，可到了享用那刻，卻又額手稱慶，沒被個性裡的好逸樂習性給打敗。慣常一大箱新鮮蔬菜果物，切割成適合大小，或直接或先速燙後原味冷卻封存，是不做二想的處理方式，只是長此以往也覺得了無新意，於是自然而然開始尋求變化之道，譬如將草莓變身成雪酪（sorbet），搗成泥，混入天然果膠，製成免熬煮果醬以冷凍法封存。雪櫃不僅像個益友，幫我看守著荷包，同時更鞭策我，勇於探索廚藝世界裡另一個不那麼為人所知，卻無比實用多滋的冷冽國度。

　　冷凍庫存的多元，意謂家製即時好料的進駐，在關鍵時刻，稱職扮演著救火隊的角色。譬如兒子正午踢畢球賽返家，需得在最快時間內上餐，取出烤雞塊於烤箱中加熱，燒壺滾水清燙甜豆仁，起鍋拌入冷凍香草奶油及海鹽，同時以平底鍋熱油，來盤炒嫩蛋（scrambled egg），再切幾片常備湯種麵包，上桌前微烤抹上香草奶油，三兩下，一頓保證比任何連鎖餐廳都要勝出的輕食午餐即堂堂登場。又比如為專案加班的另一半在晚餐以上，宵夜未滿的尷尬時間返家，飢腸轆轆時，沒什麼比一碗熱騰騰的味噌貢丸豆腐海帶芽芹菜湯更安頓身心，撫慰腸胃；又比如截稿死線進逼時，以湯種麵包、起司切片、自製美乃滋和迷迭香三明治雞肉片組合，再以帕尼尼（panini）機壓製成酥香三明治，搭配一杯蔬果汁，二十分鐘內搞定營養專家也無能置喙說嘴的一餐。雪櫃裡的自製冷凍即食品，數不清有多少回，讓我在時間壓力下，過五關斬六將，游刃有餘地搞定一餐之餘，還附贈幾許名廚上身的飄飄然。如此鞠躬盡粹，BFF 當之無愧。

　　我想我的雪櫃就像《101 次求婚》裡的男主角星野達郎，或許外在不夠稱頭，可肚量大、個性海派、可靠信賴，愈是深交，愈是由衷的喜愛，值得託付終身不棄不離。

原味裸食

風味貢丸 分量約 30～40 顆

比起自製魚丸，自製貢丸風味或咬勁都相當有水平，最重要的是吃得安心極了，當然也可以量身訂作不同風味，我試過添加海帶芽、台灣芹菜碎、芫荽、日式七味粉等，各有特色，但要我選的話，海帶芽與芫荽最是勝出。

 食材

1.5 磅（約 680 克）	肥三瘦七豬絞肉
2.5 大匙	冰水
約 1 小匙	細海鹽
1 大匙	糖
1／4 小匙	現磨白胡椒（非現磨的話，可多放）
1 小匙	無鋁泡打粉
1.5 大匙	玉米粉
1.5 大匙	麻油

作法

1　豬絞肉買回家，取一舖上烘焙紙的烤盤，將肉攤平於其上，凍成約 1.5 公分左右的寬大薄片。製作前稍微退冰，到可以刀將整個肉片分切成幾大塊薄片的程度，請確保整個肉片還是處於冷凍狀態，或者分割好再冷凍也行。

2　將冷凍薄肉片放入桌上型攪拌機鋼盆裡，用槳狀攪拌器以最低速攪打，加入鹽，繼續以最慢速攪打，一邊慢慢加入冰水，確認水分被完全吸收後再續添水，持續攪打至肉成醬，沾黏於鋼盆周圍，此時可嘗試增強速度，確定絞肉不會飛濺出來即可繼續以中高速攪打，打至肉呈軟黏狀，且幾乎看不到絞肉原形，愈軟黏口感愈好，大概要打個 6～8 分鐘。肉絞打完成後，即可加入所有調料，攪拌均勻。

3　攪打豬肉的同時，取一高湯鍋，盛八分滿水，大火煮至滾後轉小火，以手取肉漿，從虎口擠出一小球，稍整型後置入滾水裡略煮，一浮出水面即可撈起，放涼後置於烤盤個別冷凍，再分裝於保鮮袋裡凍存。

4　若希望製作不同風味貢丸，在肉漿攪打完成後，可將肉泥分成等份，再混入自選調料。

烤雞塊 分量約 30 塊

製作簡單，風味出乎意料之外的好，即便用雞胸肉，有了美乃滋的滋潤，口感一點也不柴澀，
凍在雪櫃裡，不管是帶便當、正餐或課後點心都很便利。

 食材

1.5 磅（約 680 克）	雞胸肉或去骨雞腿肉
1／2 杯	自製美乃滋 食譜請見「回頭太雞美乃滋」
1 小匙	檸檬汁
2 杯	自製麵包粉 食譜請見「廚櫃常備食材」
1～2 小匙	細海鹽
1～2 小匙	現磨黑胡椒
少許	橄欖油

作法

1　洗淨並擦乾雞肉，切成 2～3 公分見方大小。取一烤盤，以橄欖油全面均勻塗抹。

2　取一中碗，放入美乃滋和檸檬汁，拌勻。取一淺盤放上些許麵包粉，以適量鹽和黑胡
椒調味，取雞肉塊沾裹一層薄薄的檸檬美乃滋；再放入麵包粉上滾一滾，置於烤盤上。

3　以上述方法處理完所有雞肉塊，麵包粉用完酌量倒取，比較不浪費，每次記得再以
鹽和黑胡椒調味。將處理好的雞肉，連同烤盤放入冰箱冰鎮 20 分鐘左右。

4　以約 375 ˚F（190℃）預熱烤箱，將冰鎮過的雞肉放入烤箱，烤約 12～20 分鐘（依肉
塊大小而定）。

5　烤好的雞塊可包裹妥當冷凍起來，約可保鮮 3 個月，食用前放入 375 ˚F（190℃）烤箱
烤約 8～15 分鐘即可。

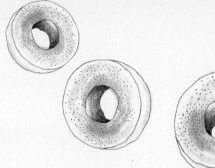

少點罪惡多點享樂之烤甜甜圈

根據維基百科的定義，guilty pleasure 是指「儘管覺得罪惡，卻還是樂在其中享受著的事物」，對我來說，一路走來始終喜愛的甜甜圈，絕對名列 guilty pleasure 前茅。

這甜甜圈的愛苗大約是兒時上傳統麵包店時種下的，身價親和，長得又是一副珠圓玉潤，彈性十足的討喜樣兒，油亮油亮的古銅肌膚上綴著閃閃動人的糖珠子，賣相就算略遜當時的巨星級草莓果醬椰絲奶油夾心麵包，仗著強勢的 CP 值，輕易擄獲我的芳心。一入口，油炸微酥的表皮，佐著咀嚼後的迷人麵香和恰到好處的滋甜，原來，回頭太難嚐起來是這味兒。自此之後，每踏進麵包店，時不時總愛夾帶一枚甜甜圈解饞。我常想，若基因有後天養成，自幼至長的味蕾浸淫，肯定是影響甚劇的塑形方式之一。沾滿細糖顆粒的基本款甜甜圈，是我童年、零嘴和鄉愁的綜合體，心裡自始至終為它保留一個位置。

移居美國，依然下意識心頭眼角留意其芳蹤，吊詭的是，身處甜甜圈淹腳目，理應有置身天堂之感的國度，卻多半處於欲求不滿的狀態。驚豔不是沒有，比如舊金山米迅區（Mission）的 Dynamo 或東灣歐克蘭（Oakland）新開張的 Doughnut Dolly，整體口感都達到豎起姆指按讚的水平。我理想中的甜甜圈麵糰，得是以酵母按著步驟發酵整型的品種，再來自然是炸功了得以及不打折的油鮮度，鬆軟又彈牙，噴香不膩口，嚼來齒頰生津。可惜大約為了異軍突起，口味上力圖新奇，楓糖培根蘋果、番紅花巧克力、花椒檸檬蛋奶餡、海鹽墨西哥巧克力等，看得人眼花撩亂，我對創新毫無異議，但實在不需要一併把老派單純的美好連根拔起，你說是吧？

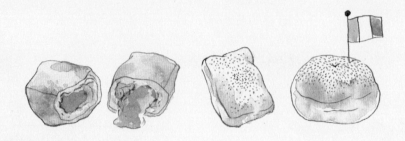

　　幸好，在美式甜甜圈身上得不到的癒療，拐個彎，從其他料理姊妹作裡獲取慰藉，驚訝卻也不意外地發現，油炸麵糰灑糖粉或淋糖霜的美味，在世界美食版圖中，早已不是祕密，許多換了名稱改了體態，骨子裡依然住著百分百甜甜圈的魂魄，如北義大利版本 Bomboloni 長得福福泰泰，有原味也可填餡，外頭一逕沾糖粉；南義甜甜圈親戚喚 Zeppole，內涵氣質和 Bomboloni 一個樣，讓人不免有兄弟鬩牆自立門戶南北嗆聲之感；而在法國通常會填上水果餡的 Beignets，我在東灣歐克蘭主打黑人 Soul Food 料理的 Brown Sugar Kitchen 嚐到完美無餡原味版，有那麼點台式油炸雙胞胎的味道；圓嘟嘟的 Malasada，活脫脫是 Bomboloni 翻版，是葡萄牙蓋章出品的油炸甜麵糰，灑糖粒無內餡是為正宗道地吃法；而在西班牙及西語系國家滿街跑的路頭小食 churros，雖長得一副纖瘦細長模樣，可入得口來驗明正身，不必投票表決即可蓋棺論定，是甜甜圈分身無誤。

　　這些個甜甜圈聯合國大軍有效緩解了饞欲渴念，只不過佳作依然難尋，有幸喜相逢，不是遙迢路遠，就是街上巧遇流動食攤，之後再無緣交會。猶記有一回參加小查年度足球賽事，腹鳴如鼓之下，於場邊墨西哥小攤買了千里飄香的 churros，當下純為止飢，並不抱任何期待，結果竟是令人雙膝發軟，懸念不忘的美味。為此我足足盼了一年，可再逢賽事時，開車繞了方圓幾圈，小攤依舊杳然無蹤，每每思及總覺悵然，把胃交託給別人，一如把心記掛在他人身上同樣不靠譜。思及此，確有必要拿回自主權，麻煩的是，我發誓不作炸物料理，即便是米其林三星主廚 Thomas Keller 佳評如潮的食譜，也無法動搖我的心意。不油炸用烤的總成了吧！我想。儘管烤焙成品和夢幻炸甜甜圈成品口感還是有段距離，可比起坊間令人皺眉的「吃飽不吃巧」次檔貨，還是勝出許多。

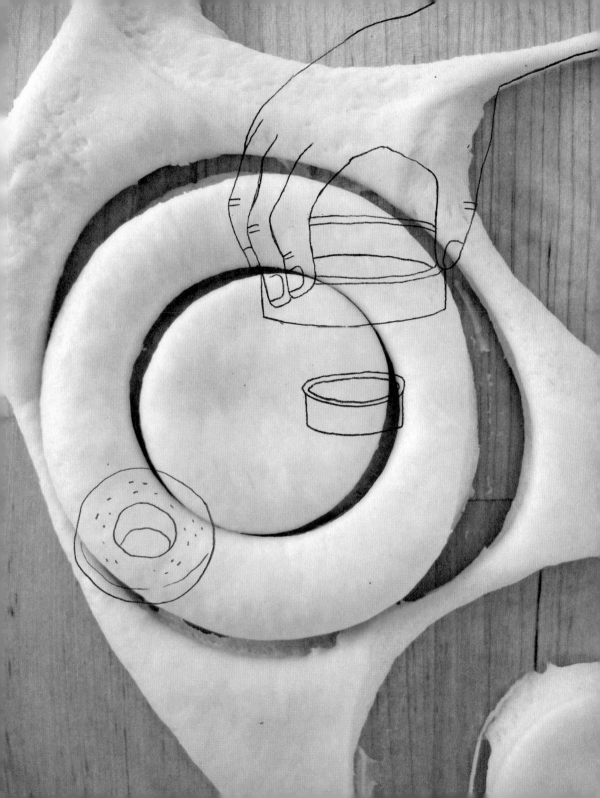

原味裸食

酵母甜甜圈 分量約 10~14 個甜甜圈及 donut hole

就麵糰肌理來說，完全是正港甜甜圈規格，烤箱烘烤改變了最後的口感表現，不過不打緊，沾上融化奶油，滾裹肉桂糖粒之後，依然可口得叫人欲罷不能。理論上，趁鮮趁熱品食是王道，隔天柔潤度劇降探底，但還是不打緊，緊實的質地，貌似介於古早味蘋果麵包和石頭麵包之間的風味，嚼來亦別有一番懷舊滋味。

 食材

1 顆	蛋（大）
1／4 杯	二砂糖
1 杯	溫牛奶（約 50℃ 上下）
1 大匙	酵母
1 小匙	鹽
1 小匙	香草精 食譜請見「家製廚房精華露」
2.5 ～ 3.5 杯	中筋麵粉
8 大匙（約 113 克）	奶油，室溫放軟切丁
4 大匙（約 56 克）	奶油，加熱融化，待甜甜圈出爐沾裹用。
適量	肉桂粉

 作法

1　將蛋和糖放入攪拌盆，以槳狀攪拌器中速攪拌約 1 分鐘，陸續加入溫牛奶、酵母、鹽和香草精，同樣以中速攪拌均勻後，換成勾狀攪拌器（dough hook）轉低速，加入 2 杯中筋麵粉混勻，轉中高速，再慢慢加入奶油丁（勿操之過急，等稍混勻再續加），奶油與麵糰完你儂我儂後，轉回低速，再一點一點加入餘下麵粉，直到麵糰達柔軟但不黏手為止，我自己的製作經驗是總數約用掉 3 杯麵粉上下的量。

2　在乾淨工作台上撒上些許手粉，將麵糰取出，揉至光滑狀，約 5 ～ 7 分鐘。

3　將麵糰置於抹薄油碗盆裡，蓋上濕潤紗布，放在居室溫暖角落進行第一次發酵，直到麵糰成長至兩倍大為止。

4　以 400 ℉（200℃）預熱烤箱。

5　以拳頭擠壓麵糰，驅散裡頭的空氣，將麵糰置於工作台，擀平至約 1.5 公分厚度，以大小兩種尺寸圓形餅乾模切割麵糰，反覆動作，直到麵糰全數切割完畢為止，切割好的甜甜圈麵糰以 2 ～ 3 公分間距，置於舖上烘焙紙的烤盤上（我不想為了甜甜圈特地買專用烤盤，小器的結果是外型不那麼完美，有得有失，端看個人選擇。另，甜甜圈切割出來的 donut hole，也可同烤），進行 2 次發酵至幾近兩倍大。

6　入烤箱烤約 6 ～ 8 分鐘即可，食用前再沾上融化奶油和肉桂粉。

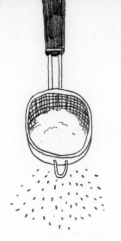

瑪芬甜甜圈 分量約 10 ～ 12 個

當你想以最快的速度解饞時，風味偏蛋糕口感的瑪芬甜甜圈，無疑是不二之選。

3 ／ 4 杯	二砂糖
1 顆	蛋（大）
1.5 杯	中筋麵粉
2 小匙	無鋁泡打粉
1 ／ 4 小匙	鹽
1 ／ 4 小匙	肉豆蔻（nutmeg）
1 ／ 4 杯	初榨橄欖油
3 ／ 4 杯	全脂牛奶
1 小匙	香草精 食譜請見「家製廚房精華露」
3 大匙	奶油，加熱融化，待甜甜圈出爐沾裹用。

1　以 350 ˚F（180℃）預熱烤箱，將瑪芬烤盤上薄油防沾黏。
2　取一大攪拌盆放入蛋和糖，以攪拌器打至質地滑順，呈淡鵝黃色，約 2 分鐘。
3　將中筋麵粉、泡打粉、鹽和肉豆蔻過篩入中型攪拌盆，倒入蛋糖液混勻，續倒入橄欖油、牛奶和香草精，輕拌均勻。
4　將麵糊平均分配倒入備好的瑪芬烤盤裡，每等份約倒至七八分滿。
5　入烤箱烤約 13 ～ 17 分鐘（依自家烤箱熱度而定），可以牙籤插入測試，抽出時無沾黏即大功告成。

同場加映 沾裹出不同風味的甜甜圈

★沾上融化奶油後滾上細砂糖
★沾上融化奶油後滾上肉桂糖
★塗上巧克力甘那許
★塗上 Nutella（食譜請見「堅果及其變奏」）
★抹上加糖打發 Crème fraîche（食譜請見「日常平價小奢華」）再滾上椰子絲

食神附身，
停不住嘴之美式牛肉乾

　　回想起來，上回和農場洽購全豬的經驗，最令我滿意的只有一個小環節，並且和豬毫不相關，即是農場指定切割肢解包裝全豬的鮑伯肉舖，老闆麥特為聊表溝通過程引發的不快，所奉贈的墨西哥香辣牛肉乾。回程路上一開封，沒兩下便啾啾啾蠶食鯨吞完畢，沒想到，烏漆抹黑，看來一附乾癟不起眼的牛肉乾，鹹香夠味，Q韌有嚼勁，一片入口，簡直像被食神附身似的停不住嘴。

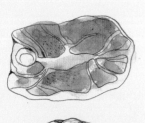

　　這美式牛肉乾我還是第一次嚐到，雖然在美加地區，此物不算罕見珍饈，一直以來被定位在旅路露營外出乾糧，散見於公路旁便利商店、加油站和連鎖超市隨手可取得的貨架上，於我，一方面沒有吃零嘴的習慣，二來這超市牌牛肉乾賣相萎靡頹敗，再加上置常溫，裹著塑膠衣，如此肉品實難叫人不心生疑懼。鮑伯肉舖的牛肉乾起碼取材有道，肉源有據，自家小量調味烤製，也無添加讓人退避三舍的化學防腐劑，算是跨過食品安全的基本門檻，和超市牌牛肉乾自不能相提並論，也一腳踢翻我過往不明究理將其打個大叉，劃歸不良加工食品的先入為主觀念。真是該打，到這年紀還犯這種以表面論是非成敗的謬誤，過程與內涵才是最重要的，我默默在心裡記筆記，製作選料嚴謹的牛肉乾，其實也可算得上是相對低熱量、高蛋白的健康零食（但仍不宜多食，畢竟含納量不低），據說連美國登陸月球的太空人也指定牛肉乾為機艙必備食品呢！

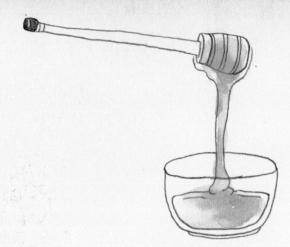

　　令人一嚼驚豔的牛肉乾，激發出我上網展開「牛」肉乾搜索的好奇，原本只是抱著加減了解一下來源身世的心情，沒想到卻撞見家庭自製牛肉乾之道，不需脫水乾燥機，工序又是出乎意料的簡單（我知道，這句台詞兒已成貫穿此書的經典老梗，但鐵錚錚的事實，叫人想迴避都難）整個過程一言以蔽之，就是將醃漬過夜的片薄牛肉，放入低溫烤箱裡烘烤數小時，直到牛肉片脫乾水分為止，即完成不食則已，一食上癮的家製牛肉乾。執行難度雖不高，但還是有幾個小細節值得提綱挈領，首先，肉的部分以瘦而少油花者最佳，如後腿牛排（round steak）、臀肉（rump roast）或里肌（sirloin），因油脂有礙牛肉乾保鮮；其次，有鑑製成牛肉乾後，分量將大幅縮水，宜以價廉部位為最高購買考量；片肉時逆著紋路切，成品更利咀嚼，切記將牛肉上的油脂盡可能去除乾淨，可能的話，請肉販切成零點一公分左右厚薄片，若是自己來，刀鋒得薄利之外，將肉稍微冷凍一下，也會讓片薄動作更事半功倍；最後，和烤果乾一樣，記得在烘烤時以木匙卡於烤箱門板上，有利對流循環，排除濕氣，確保脫水效果，延長存放期──這是說，如果牛肉乾能奇蹟似的並未在數天內一掃而空的話。至於調味變化，看是要中式、日式、墨西哥風、美式 BBQ 或走泰國風，只要掌握甜香辣鮮風味的平衡即可。

　　如果說本書中投資報酬率最高的是自製早餐穀類麥片 granola，最讓人充滿名廚光環的是自製 Crème fraîche，最讓人感到虛榮有成就感的是自製新鮮乳酪，那麼說出來最能叫眾人刮目相看，並投以豔羨眼光的，大概要屬自製牛肉乾了，可惜，CP 值叫人犯嘀咕，時間心血且不計，光張羅來放養食草牛肉就所費不貲，進了烤箱桑那脫水瘦身一番，出爐剩下不到三分之一，如無意外，三兩下便吃乾抹淨，只能換個角度想，牛肉乾畢竟是零嘴，多食本無益，久久烤上一次過過癮，犒賞自己，還是值回票價的。

八角
star anis

三香
osemary

百里香
thyme

薑片
ginger

cumin

原味裸食

烤牛肉乾 分量約 2 杯

油去得乾淨，烤得到位的牛肉乾，保存力極好，置保鮮盒裡放冰箱，數週亦無妨礙，甚至包裹妥當放冷凍庫，可保存個一年半載。不過必須老實承認，以上純屬合理推論，開始製作牛肉乾以來，只有擔心會不會以光速消失，完全不必煩惱保鮮存放的問題。

 食材

2～3 磅（約 1 公斤）	牛肉
1／2 杯	醬油
2～3 大匙	蜂蜜、楓糖或二砂糖
1 小匙	紅辣椒碎（red pepper flakes）可依喜好辣度調整分量
1～2 小匙	現磨黑胡椒
1 小匙	大蒜（放不放隨喜）

作法

1　肉若是一大塊，可先分切成三、四份後置於冷凍約 1 小時，去淨油脂，再以利刀片成約 0.1 公分左右薄片。

2　將所有調味食料放入小攪拌盆裡，混拌均勻，至糖溶化，試味道，嚐起來剛好鹹淡即可，將醃汁倒入保鮮袋裡，再將所有牛肉片放入，攪一攪和，確認所有肉片都沾附上調料。放入冰箱，至少醃 4 小時或隔夜，有事沒事可翻翻甩甩讓調味浸透。

3　取一烤盤，底下舖鋁箔紙或烘焙紙，上放網架（烤餅乾放涼用的架子），將肉片排放其上，因烘烤時肉會縮水，緊密並排無妨，但忌重疊。

4　烤箱設定成最低溫（美式為 170°F），放入肉片，以木匙卡於烤箱門上，以利空氣流通。烘烤約數小時，完全視肉片大小厚薄、濕潤度和烤箱溫度而定。不妨漸進試吃風味，再決定烘烤時間，若肉片大小不一，也記得邊將烤好的肉片取出，以免烤焦。

附錄一
拋磚引玉開菜單

　　這本手作書裡分享了三十個手作食材 project，每個主題又延伸出變化與應用食譜，這些就像是衣櫥裡可以自由搭配運用的各式單品，供你運用想像力，巧妙配搭出日常三餐的飲膳風景。以下是幾個健康均衡有滋味，全方位餵養身心靈的菜單範例，在此拋磚引玉，歡迎大夥兒照單全收，更鼓勵你依自己的時間預算喜好，量身訂作取悅自己與家人的理想手作餐點。

早餐

Menu A 清粥＋小菜

韓式小黃瓜	食譜請見「貫穿生命長河的清粥小菜」
鹹鴨蛋	食譜請見「貫穿生命長河的清粥小菜」
肉鬆	食譜請見「貫穿生命長河的清粥小菜」
韓式泡菜	食譜請見「貫穿生命長河的清粥小菜」
日式海苔醬	食譜請見「貫穿生命長河的清粥小菜」
醃嫩薑	食譜請見「貫穿生命長河的清粥小菜」
水波蛋	食譜請見「不憂鬱的英式癒療」
好靚絲緞豆腐	食譜請見「絲緞豆腐之戀正要展開」
偷工減料五香豆乾	食譜請見「吃個不停五香豆乾」

Menu B

自製 granola ＋自製新鮮起司	食譜請見「不憂鬱的英式癒療」＋「讓人好虛榮的新鮮起司」
自製 granola ＋自製堅果奶	食譜請見「不憂鬱的英式癒療」＋「堅果及其變奏」
自製 granola ＋自製椰奶	食譜請見「不憂鬱的英式癒療」＋「廚櫃常備食材」

Menu C

香料奶油烤吐司＋自製堅果奶	食譜請見「我家的日日湯種」＋「堅果及其變奏」

Menu D

風味貢丸湯	食譜請見「雪櫃是我的 BFF 無誤」
台式肉燥蘿蔔糕＋自製豆漿	食譜請見「偷吃步台式肉燥蘿蔔糕」＋「絲緞豆腐之戀正要展開」

Menu E

湯種麵包＋風味奶油＋自製堅果奶	食譜請見「我家的日日湯種」＋「節制有時，奢華有度」＋「堅果及其變奏」

早午餐

班尼迪克蛋	食譜請見「不憂鬱的英式癒療」
藍莓 Crème fraîche 咖啡蛋糕	食譜請見「日常平價小奢華」
英式瑪芬佐自製調味奶油	食譜請見「節制有時，奢華有度」
豪華版烤火腿起司蛋布丁麵包	食譜請見「我家的日日湯種」

下午茶

英式瑪芬佐自製季節果醬	食譜請見「不憂鬱的英式癒療」
英式瑪芬佐自製調味奶油	食譜請見「不憂鬱的英式癒療」+「節制有時，奢華有度」
鍋煮印度香料奶茶 & 拿鐵	食譜請見「Pick-me-up! 鍋煮印度香料奶茶」
熱可可佐棉花糖	食譜請見「不露營吃也好的 S'more」
萬人迷奶油起司甜餅乾	食譜請見「綁著必勝頭巾的課後點心」
季節水果奶酥	食譜請見「日常平價小奢華」
藍莓 Crème fraîche 咖啡蛋糕	食譜請見「日常平價小奢華」
瑞可達起司蛋糕佐糖漬草莓	食譜請見「讓人好虛榮的新鮮起司」
抹茶紅豆 Crème fraîche 蛋糕	食譜請見「一喫成主顧之戚風蛋糕」
烤甜甜圈	食譜請見「少點罪惡多點享樂之烤甜甜圈」

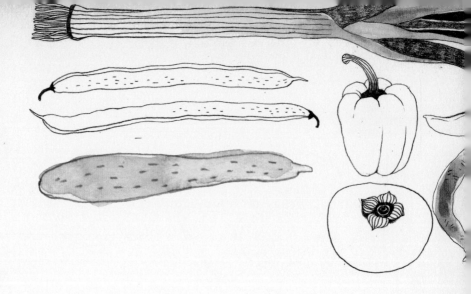

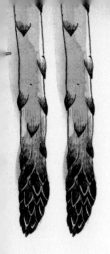

My handmade food 237

晚餐

Menu A

蝦仁大阪燒　　　　　　　　　　　　　　　食譜請見「回頭太難美乃滋」
隨喜 Crème fraîche 南瓜濃湯　　　　　　　食譜請見「日常平價小奢華」

Menu B

柚子胡椒時蔬烏龍麵　　　　　　　　　　　食譜請見「烏龍麵的 happy ending！」
火腿小黃瓜豆渣沙拉　　　　　　　　　　　食譜請見「絲緞豆腐之戀正要展開」
冷凍香蕉之偽霜淇淋　　　　　　　　　　　食譜請見「單一食材之偽霜淇淋」

Menu C

鹽麴烤鮭魚佐春蔬　　　　　　　　　　　　食譜請見「我的荒島調味料──鹽麴」
日式豆腐麻薯丸子　　　　　　　　　　　　食譜請見「絲緞豆腐之戀正要展開」

好食禮

La Maison du Chocolat 土廚老闆的松露巧克力　　食譜請見「偷師甘那許魔法師的松露巧克力」
小荳蔻焦糖糖果　　　　　　　　　　　　　食譜請見「季節限定誘惑之焦糖糖果」
焦糖抹醬　　　　　　　　　　　　　　　　食譜請見「季節限定誘惑之焦糖糖果」
抹茶紅豆 Crème fraîche 蛋糕　　　　　　　　食譜請見「一嚐成主顧之戚風蛋糕」

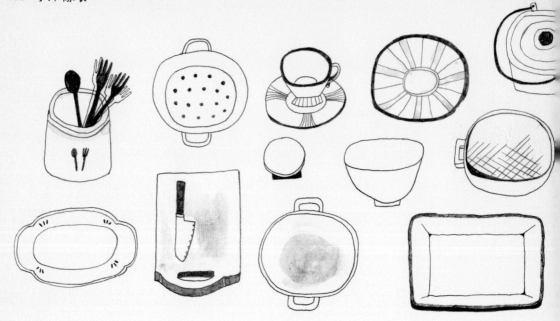

課後點心

全麥餅乾（graham cracker）	食譜請見「不露營吃也好的 S'more」
甜鹹方派酥	食譜請見「不好吃砍頭之萬用經典派皮」
水果乾（葡萄乾、蘋果乾 & 富有柿子乾）	食譜請見「條條大路通果乾」
蜜桃 & 草莓水果甜皮捲	食譜請見「條條大路通果乾」
萬人迷奶油起司甜餅乾	食譜請見「綁著必勝頭巾的課後點心」
人人愛巧達起司魚餅乾	食譜請見「綁著必勝頭巾的課後點心」
日式豆腐麻薯丸子	食譜請見「絲緞豆腐之戀正要展開」
永遠的薑汁豆花	食譜請見「絲緞豆腐之戀正要展開」
香蕉紅茶戚風蛋糕十自製煉乳	食譜請見「一喫成主顧之戚風蛋糕」十「廚櫃常備食材」
冷凍香蕉霜淇淋	食譜請見「單一食材之偽霜淇淋」
冰淇淋甜筒餅乾	食譜請見「單一食材之偽霜淇淋」
杏仁椰子橘絲巧克力甜心	食譜請見「堅果及其變奏」
隨身營養元氣 granola bar	食譜請見「百變早點王 granola」
香料奶油烤吐司	食譜請見「我家的日日湯種」
烤牛肉乾	食譜請見「食神附身，停不住嘴之美式牛肉乾」

便當

附錄二
不只是勸敗採買地圖

　　張羅好食材，是成就手作的第一步，為了加碼書的實用性，特別請部落格上臥虎藏龍的朋友們，推薦心頭好小農及優質食材店家，在此特別感謝好友 Vein 無私提供好食材口袋清單，彌補我鞭長莫及之不足。邊整理資料，邊為著台灣愈精彩勃發的農產食材而感到驚豔，覺得驕傲。以下便是若我人在台灣，絕對會躍躍一試想親自體驗的商號名單，邀請你一起來支持好食材，感受手作的樂趣。

綜合在地食材

直接跟農夫買	https://www.facebook.com/BuyDirectlyFromFarmers
厚生市集	http://www.farm-direct.com.tw/Default.aspx
台灣好市集	http://www.gigade100.com/
上下游市集	http://www.newsmarket.com.tw/shop/
大王菜舖子	http://www.wretch.cc/blog/cutenana0704
Hug 網路超市	http://www.hug.com.tw
台灣主婦聯盟生活消費合作社	http://www.hucc-coop.tw/
吉品養生	http://www.gping.net/
柑仔店	http://www.orangemarket.com.tw/
好食機	http://www.howsfood.com/
天河鮮物	http://www.thofood.com/

農夫市集

台灣農夫市集地圖	http://farmersmarket.ushahidi.tw/
合樸農學市集	http://www.hopemarket.net/home

堅果米糧果乾

穀東俱樂部	http://blog.roodo.com/sioong/
綠食集	http://www.agrimartfoods.com/
美好花生	http://goodeatss.wordpress.com/
快樂農夫糧糧	http://blog.xuite.net/fjch9391/970807
好好吃飯。八分飽	https://www.facebook.com/groups/334350073323470/
好市多（Medjool Dates）	www.cosco.com.tw

有機黃豆 & 豆腐凝固劑

豆之味   http://www.soyaway.com.tw/

好茶

日月老茶場   http://www.assamfarm.com.tw/
掌生穀粒   http://www.greeninhand.com/

肉品魚鮮

有心肉舖子   http://www.withheart.com.tw/
豪野鴨   http://www.hoyeh.com.tw/
阿麟師   http://www.alinsign.tw/
大王菜舖子   http://www.wretch.cc/blog/cutenana0704

乳品

高大鮮乳   http://www.highmilk.com/
吉蒸牧場   http://www.jjfarm.com.tw/

蜂蜜

山野家   http://www.wretch.cc/blog/alive2006
Bee to We 順安養蜂   http://www.beetowe.com/

優質好食

Pekoe   http://www.pekoe.com.tw/
永豐餘生技   http://www.green-n-safe.com

手作裸食
My handmade food

作　　　者	蔡惠民
設計・插畫	種籽設計
責 任 編 輯	林明月
行 銷 企 畫	艾青荷
社　　　長	郭重興
發 行 人 兼出 版 總 監	曾大福
編 輯 出 版	一起來出版
	E-mail｜cometogetherpress@gmail.com
發　　　行	發 行 遠足文化事業股份有限公司
	www.sinobooks.com.tw
	23141 新北市新店區民權路 108-3 號 6 樓
	客服專線｜0800-221029　傳真｜02-86673250
	郵撥帳號｜19504465　戶名｜遠足文化事業股份有限公司
法 律 顧 問	華洋法律事務所 蘇文生律師
初 版 一 刷	2013 年 5 月
初 版 三 刷	2015 年 10 月
定　　　價	360 元

國家圖書館出版品預行編目（CIP）資料

手作裸食 / 蔡惠民 著 -- 初版 --
新北市：一起來出版：遠足文化發行，2013.05
244 面：17×21 公分 --（一起來享：12）

ISBN 978-986-89332-4-8（平裝）

1. 飲食 2. 食譜 3. 文集
427.07　　　102007170

come together

come together